中国能源展望
2060

中国石化集团经济技术研究院有限公司　编著

中国石化出版社

内　容　提　要

　　本书从经济、社会、技术、政策等方面分析了影响能源消费变化的主要规律和关键因素，并对未来发展趋势进行了研判。在此基础上，通过模型建设，系统分析预测了能源消费总量及分能源品种、分终端用能部门的中长期演变，形成了我国中长期能源消费变化预测数据体系，并对能源消费特征进行了系统性展望。本书重点在于能源消费规律分析、中长期预测数据体系及特征展望。

　　本书适合能源化工行业相关从业者及关注能源转型、碳排放等主题的读者阅读参考。

图书在版编目（CIP）数据

中国能源展望 2060 / 中国石化集团经济技术研究院
有限公司编著 . -- 北京 : 中国石化出版社 , 2022.11
（2024.11 重印）
　ISBN 978-7-5114-6913-7

　Ⅰ . ①中⋯　Ⅱ . ①中⋯　Ⅲ . ①能源经济—经济展望—
中国　Ⅳ . ① F426.2

　中国版本图书馆 CIP 数据核字（2022）第 205833 号

中国石化出版社出版发行
地址：北京市东城区安定门外大街58号
邮编：100011　电话：（010）57512500
发行部电话：（010）57512575
http：//www.sinopec-press.com
E-mail：press@sinopec.com
北京科信印刷有限公司印刷
全国各地新华书店经销
＊
787×1092毫米　16开本　9.25印张　118千字
2022年11月第1版　2024年11月第3次印刷
定价：298.00元

《中国能源展望2060》
编写委员会

主　　　任：张少峰

副　主　任：戴宝华　顾松园

委　　　员：罗大清　李　志　傅　军

指 导 专 家：吴　吟　张玉清　姜培学　李　阳　谢在库

　　　　　　周大地　郭焦锋　胥蕊娜　李瑞忠

主　　　编：罗大清　刘潇潇　何　铮　刘红光

编写组成员：刘红光　刘潇潇　何　铮　丁宣升　王　盼

　　　　　　乞孟迪　马　莉　蒋　珊　程　诺　崔　宇

　　　　　　聂浩宇　曹　勇　周新科　刘佩成　曲岩松

　　　　　　李振光

序言

　　能源问题始终是伴随人类社会发展进程的重大课题。工业革命以来，发展需要和技术进步推动人类从薪柴时代迈向煤炭时代、石油时代。20世纪中叶以后，随着世界制造业空前繁荣，人口规模快速增加，资源承载和能源供给逐渐成为全球关注的焦点。特别是进入21世纪以来，随着全球极端天气频发，气候变化问题更加引起广泛关注，绿色低碳转型在国际社会形成广泛共识。但近年来，地缘政治冲突博弈、新冠肺炎疫情持续、能源供需失衡及价格高企震荡等因素对能源生产、贸易体系乃至对全球经济带来的剧烈冲击，使得人们再度聚焦能源安全稳定供应议题。这也说明能源转型是一项庞大复杂的系统工程，既要动态平衡多维诉求，又要支撑各领域各行业可持续发展。

　　我国作为世界第二大经济体，能源生产、消费和碳排放大国，经济社会高质量可持续发展与资源环境约束加剧之间的矛盾日益突出，推进能源转型发展，建设资源节约型社会，实现绿色低碳发展的需要日益迫切。2020年以来，以习近平同志为核心的党中央高瞻远瞩，作出推进实现"双碳"目标的战略部署后，我国加快制定了碳达峰、碳中和工作顶层设计和战略路径，并统筹推进实施。可以预见，在"双碳"目标指引下，我国能源系统绿色低碳转型进程必将深度嵌入高质量发展的时代背景，深刻重构生产生活方式和经济增长模式。

　　我曾在能源领域工作多年，有幸见证了上世纪80年代以来石油石化行业的重大改革重组，以及改革开放以来我国能源发展的重要历程和重大成就；也曾参与政策研究、发展规划、行业管理等工作。当前，我国能源系统在抵御外部风险、托稳经济发展、助力"双碳"目标等方面面临全新的形势、肩负更重大的责任和使命，能源行业高质量发展比以往任何时候都更加需要前瞻全面、深入系统的分析研判和科学把握。我本人也反复思考过这些问题，比如，我国能源消费和碳排放的增长空间还有多大？如何保障我国油气资源供应安全？我国丰富的可再生能源如何更好地开发和利用？经济社会数字化转型和智能化发展会给能源行业带来哪些新变化和新机遇？等等。

　　中国石化经济技术研究院编著的《中国能源展望2060》，从经济社会发展与能源消费需求关系的底层逻辑分析出发，聚焦我国中长期能源消费总量及结构预测，开展了扎实深入的规律剖析、趋势研判、数学建模、定量预测等工作，并与碳中和目标映衬互洽，针对能源转型发展重大问题，提出了富有启发性、前瞻性和建设性的独到观点。本书基于能源体系建设应致力于实现安全稳定、经济高效、绿色低碳三角动态平衡的逻辑，指出我国未来能源转型可能存在安全挑战、绿色紧迫、协调发展三种情景，在此基础上分别对能源消费总量、碳排放、各能源品种、各终端用能部门能源消费情况进行了全面深入测算和系统前瞻预测。

　　能源转型是一项复杂的系统工程，能源预测是一项高难度工作。我与中国石化经济技术研究院颇为相熟，据我了解，早在十多年前，他们就开展能源消费规律这样的基础性研究工作，研究人员立足石油化工行业，触角直抵油气资源生产供应和终端市场需求第一线，敏锐洞察我国油气资源利用模式的变迁。近年来，中国石化加快绿色低碳转型，大力布局新能源业务，故而研究团队在新能源应用和替代方面亦有充分的研究和积累。本书敢于将数十年展望跨度下的能源消费总量及结构情况逐项打开、掰开揉碎、全面呈现，这本身就彰显研究者的勇气、毅力与自信。更难能可贵的是，本书秉承自上而下的顶层约束与自下而上的终端消费相结合的预测方法，将宏大的经济社会演进历程与微观的能源生产利用活动有机统一，深入分析经济、社会、政策等宏观驱动因素的作用机制与发展趋势，全面梳理技术、产业、贸易等领域变化与能源消费转型的互动关系，视野宏阔，逻辑严谨，论证严密，结论有说服力，颇具理论研究价值和实践参考意义。

　　能源转型大势不可逆转，但转型进程注定充满崎岖甚至反复，能源发展预测研究工作需要持续开展。期待中国石化经济技术研究院继续深入开展能源发展大势和能源转型路径研究，为我国优化能源转型发展路径、支撑经济社会高质量可持续发展做出新贡献。

张玉清

2022年11月

前言

随着气候变化成为国际社会的重要议题，能源领域愈发成为国际竞争与合作的焦点之一，能源转型也正在引发全球能源格局的根本性重塑。在此背景下，我国提出"力争2030年前实现碳达峰，2060年前实现碳中和"的战略目标，这不仅是事关中华民族永续发展和构建人类命运共同体的战略决策，也是实现能源体系低碳转型与经济社会高质量发展协同促进的主动之选。

对能源领域而言，作为助力碳达峰、碳中和目标实现的关键领域和重要力量，不仅需要加快推进能源结构调整和能源体系建设，更需要协同好绿色低碳与能源安全稳定供应、促进经济社会健康发展之间的关系。特别是在国际环境日趋严峻复杂、国内经济实现发展动力转换、技术更新迭代加速发展的时代背景下，我国推进能源转型的具体路径还需要在发展中探索、在适配中调整、在推进中优化，能源体系建设各阶段的目标和特征亦需要科学分析、动态制定。因此，开展能源转型发展研究和中长期能源消费预测，既是深入探寻能源消费历史演进、内在规律的过程，也是前瞻研判未来能源转型趋势、消费特征演变的途径，更是做好科学规划、明确战略目标、优化发展路径的实际需要。

本研究通过构建涵盖经济社会宏观要素和主要终端用能产业等中微观要素的总体模型，从分析能源消费与经济社会产业发展变化历史关系出发，首先剖析了能源发展的历史规律和能源转型的关键影响因素，探寻能源演进的共性规律；其次研判了未来我国经济社会发展趋势下的能源转型发展进程，从共性规律向个性规律延伸，形成立足于中国能源发展实际的预测思路和方法；再次基于能源三角动态平衡分析我国能源转型路径，构建了安全挑战、绿色紧迫、协调发展三种能源转型发展情景，并重点推荐了协调发展情景；最后在上述分析的基础上，分别给出了我国从当下到2060年，各主要阶段的能源消费总量及碳排放的预测、一次能源分品种消费的预测，以及关键终端用能部门的能源品种消费趋势判断。

本书的摘要和结语部分由罗大清、刘潇潇、刘红光编写，经济发展部分由程诺、刘潇潇、何铮编写，社会演进、政策引导部分由王盼、刘潇潇、刘红光编写，技术变革部分由聂浩宇、刘红光编写，能源三角部分由刘红光、刘潇潇编写，一次能源消费总量及碳排放、能源消费结构总体特征、终端能源消费总量部分由刘红光编写，煤炭部分由丁宣升编写，石油部分由乞孟迪、刘红光编写，天然气部分由马莉编写，非化石能源部分由蒋珊编写，农林牧渔业部分由刘红光编写，工业部门部分由丁宣升编写，交通部门部分由乞孟迪编写，建筑部门部分由王盼编写，附文、附图及附表部分由刘红光完成。全书由刘红光统稿，崔宇校稿，罗大清、刘潇潇、何铮审核，戴宝华、顾松园审定。

在本研究开展及书籍编写出版过程中，得到了吴吟、张玉清、姜培学、李阳、谢在库、周大地、郭焦锋、胥蕊娜、李瑞忠等领导、院士、专家和中国石化综合管理部、发展计划部、能源管理与环境保护部、科技部的指导帮助以及中国石化出版社的大力支持，在此表示衷心感谢！

尽管有国际能源署等国际能源行业机构，中国工程院等国内科研机构，以及BP、壳牌、中国石油、国家电网等国内外能源公司发布的世界和中国能源展望研究报告珠玉在前，我们在研究中仍力图实现历史规律与趋势研判的贯通、经济社会发展与能源变革演进逻辑的融合、能源转型发展影响要素间的协调，并以此为基础构建预测方法、调设模型参数，进行能源展望分析，但面对能源系统外延庞大、能源转型路径与节奏仍处于探索阶段并存在高度不确定性等情况，加之时间和水平所限，本书难免有不尽完善之处，敬请读者批评指正。真诚希望本书能够起到促进同仁交流、增进行业共识的作用，为我国能源转型发展和"双碳"目标实现添砖加瓦。

中国石化集团经济技术研究院有限公司
《中国能源展望2060》研究组
2022年11月

摘要

　　能源是经济社会发展的重要物质基础，能源体系演进和能源转型进程与经济社会各方面之间存在内在逻辑规律。从**经济层面**看，随一国经济发展水平的不断提升和产业结构的持续调整，能源消费弹性系数总体呈现从高区间向低区间过渡的趋势，人均能源消费量也随之经历增长期、平台期、下降期的演变。未来随着制造业由劳动密集型向技术密集型持续转型升级，以及服务业由消费性向生产性进一步转变，我国能源消费弹性系数和能源消费强度将持续走低，人均能源消费平台期也将早于发达国家同期发展水平到来。从**社会层面**看，人口规模扩张和城镇化水平的提升对于能源消费总量增长具有明显支撑作用，同时促进电力和天然气等清洁高效能源品种的生产利用。但人口和城镇化因素对能源消费的影响具有边际递减特征，尤其是对于出口规模较大的经济体，本地生产和全球消费的特征，更加剧了边际递减效应。同时，不同社会结构、资源基础和消费模式，会导致各经济体的人均能源消费存在显著差异。未来随着我国人口规模的达峰和萎缩、城镇化进入稳定阶段，社会因素对于能源消费的影响将进一步减弱，但老龄化和社会消费习惯的变化将会产生对冲作用，并主要从能源结构层面对未来能源消费特征产生影响。从**技术层面**看，能源生产和利用技术的渐进式演变、突破性进展或颠覆性变革，推动着世界能源结构的演进和能源体系的发展。对人类能源消费影响的技术类型，当前正处于由以能源利用技术为主导逐步转向以能源供应技术为主导的历史周期。未来能源消费格局变化，将主要取决于风电光伏持续降本幅度、非常规油气发展节奏及规模、化学储能技术路线及技术进展等。从**政策层面**看，生态环境政策、能源产业政策会对能源生产和消费行为产生直接影响，而经济社会宏观政策、财政金融政策则通过刺激社会总需求、营造投资和经营环境等间接影响能源消费规模和能源供应结构，国际贸易和气候政策则在更大格局和更宽层面上，通过影响全球能源转型进程而作用于我国能源生产与消费。未来我国政策引导的方向总体明确，推动用能结构绿色转型、培育清洁绿色能源消费、扶持新能源产业发展、完善市场机制等，都将成为政策发力的主要重心。

正是基于能源在经济社会中的重要地位，能源体系的建设要以更好地保障国家不同发展阶段的需要、推动经济社会的进步为目标，处理好安全稳定、经济高效、绿色低碳的关系，也正是在这能源三角之间的动态平衡和统筹协调过程中，推动和实现了能源结构的转型演进和能源体系的优化发展。**安全稳定**是能源系统的底线要求，决定了能源平衡三角的稳固基础，体现的是能源系统能否支撑经济社会平稳发展的问题。能源系统的安全稳定一要在总量上，尤其是在油气等对外依存度高的品种方面确保全社会能源需求得到合理满足和供应风险可控；二要实现能源供应结构总体优化，以适应和保障国家产业结构调整和转型升级对于能源的高能量密度、智慧适配性强等不同需要；三是确保能源体系具有较强韧性，供需体系实现协调稳定，化石能源供应风险整体可控，短时外部供应波动不会对经济社会造成大的冲击和破坏，高比例可再生能源系统保持运行安全稳定。**经济高效**是能源系统的内在特征，反映了能源平衡三角的构建质量，体现的是能源系统能否促进经济社会高质量发展的问题。在以可承受经济成本支撑经济社会发展为目标的情况下，一方面要通过能源品种间的互补和协同，不断促进能源体系运行效率最大化和运行成本最小化；另一方面要在动态优化中实现自身技术进步，进而更好支撑经济社会发展。**绿色低碳**是能源系统的发展方向，锚定了能源平衡三角的演进目标，体现的是能源系统能否实现经济与社会综合效益更大化的问题。实现绿色低碳目标既要从供应层面降低能源资源开发和利用过程对自然环境的破坏，又要从消费层面促进清洁能源和低碳能源使用比例的提高，还要致力于能源技术的持续进步，实现能源资源的有效接替和能源系统的可持续发展。

通过对我国未来经济社会发展、能源技术进步和目标政策推进等方面的研判，本研究提出了我国未来能源转型可能存在的三种情景，安全挑战情景、绿色紧迫情景和协调发展情景，其中协调发展情景是本研究的推荐情景。在协调发展情景下，能源安全稳定能够得到有力保障，绿色低碳挑战能够得到有效应对，能源系统能够实现经济高效和协调可持续转型，保障我国经济社会高质量可持续发展。

能源消费总量和消费水平方面，我国一次能源消费量预计2035年达到约60.31亿吨标煤的峰值水平，随后缓慢下降至2060年的约55.73亿吨标煤。与此同时，单位GDP能耗持续降低，预计2025年我国单位GDP能耗降至约0.42吨标煤/万元，较2020年降幅约13.6%，实现国家规划目标；2030年降至约0.35吨标煤/万元，2060年降至约0.15吨标煤/万元。人均能源消费将保持长期增长趋势，预计2030年增至4.30吨标煤/人，较2020年增幅21.9%；2060年增至4.91吨标煤/人，较2020年增幅39.2%。

碳排放方面，我国能源活动相关碳排放将于2030年前达到约99亿吨的峰值（不含原材料消费），之后进入下行通道并逐步加速下降，预计2060年降至约17亿吨，主要贡献来自工业部门，其2060年相较于2020年的碳排放压减量约占总压减量的57.6%。能源消费碳排放强度则将呈现出持续下降趋势，2030年降至约1.59吨二氧化碳/吨标煤，2060年进一步降至0.30吨二氧化碳/吨标煤，较2020年下降84.1%。单位GDP碳排放强度降幅巨大，2025年将降至0.73吨二氧化碳/万元，较2020年降幅约21.0%；2030年将降至0.56吨二氧化碳/万元，较2020年降幅约39.5%，较2005年降幅约66.3%，实现国家规划目标；2060年降至0.05吨二氧化碳/万元，较2020年降幅达95.1%，最终实现绿色低碳的经济增长模式和生产生活方式。

能源消费结构方面，将呈现达峰前"减煤、控油、增气、强非"、达峰后"非化石能源快速替代化石能源"的整体特征。煤炭将持续发挥我国能源消费"压舱石"的作用，历经达峰、平台、快速下降和深度压减四个阶段，稳步降低在能源消费结构中的比例；石油进一步从燃料属性向原料属性转变，经历达峰、平台和稳步下降三个阶段，实现角色的逐步转变；天然气将充分发挥能源转型"桥梁"作用，经历稳健增长、"碳达峰"发力、稳步达峰和平稳下降四个阶段，保障转型过程的平稳有序；非化石能源作为未来增量中的主力能源，则将经历初期扩张、快速成长和多元化三个时期，最终发展成为第一大能源。预计到2025年，我国的一次能源消费结构中，煤炭占比51.3%、石油占比18.7%、天然气占比10.1%、非化石能源占比19.9%；到2030年，煤炭占比46.0%、石油占比17.3%、天然气占比11.5%、非化石能源占比25.2%；2060年煤炭占比4.7%、石油占比5.9%、天然气占比9.3%、非化石能源占比80.0%。基本可以实现"1+N"政策体系中明确的2025年和2030年非化石能源占比分别约为20%和25%、2060年达到80%以上的目标。

终端用能方面，我国终端能源消费将呈现出总量上先升后降和结构上快速清洁化的趋势。从总量上看，将从当前的约31.76亿吨标煤增至2030年的峰值约36.44亿吨标煤，之后缓慢下降，2060年降至约27.38亿吨标煤。从结构上看，主要表现在煤炭和油品的快速下降、天然气的近中期扩张支撑、电力的持续增长和绿氢的远期崛起几个方面。2020年我国终端能源中煤炭占比32.2%、油品占比27.8%、天然气占比11.9%、电力占比28.1%、绿氢占比0.1%，预计2030年煤炭占比22.9%、油品占比27.1%、天然气占比15.6%、电力占比33.9%、绿氢占比0.5%，2060年煤炭占比2.7%、油品占比11.6%、天然气占比12.0%、电力占比63.2%、绿氢占比10.4%。从分部门看，碳达峰期各终端用能部门能源消费量均呈增长趋势，需共同控制新增能源消费以降低峰值总量；碳中和期能源消费量的压减主要从工业部门和交通部门发力，工业部门能源密集型产业收缩、向新型技术密集型产业转型升级，以及交通部门电动化转型、效率提升、人口规模和货运规模下降、共享智慧出行新模式，都将会推动工业用能和交通用能远期较大规模的收缩，与2030年相比，预计2060年工业部门能源消费总量下降约5.36亿吨标煤，交通部门终端能源消费总量下降约2.94亿吨标煤，二者合计占总降幅的约91.6%。

能源转型发展和"双碳"目标的推进是我国经济社会发展中的长期战略，也是一项系统工程。能源系统安全稳定、经济高效、绿色低碳的平衡三角，既需要顶层设计的统筹协调，也需要行业企业的共同努力。在积极稳健的目标统领下，在系统连贯的政策引导下，在科学高效的举措落实下，我国的能源转型发展进程将稳步推进，推动我国"双碳"目标如期达成，既确保"能源的饭碗端在自己手里"，又贯彻好"绿水青山就是金山银山"的发展理念。

目录

1 第一章
能源发展历史规律及能源转型关键影响因素

2 第二章
我国经济社会发展趋势下的能源转型发展进程研判

3 第三章
能源三角动态平衡下的我国能源转型发展路径选择

4 第四章
能源消费总量及碳排放

5 第五章
一次能源消费结构

6 第六章
关键终端用能部门能源消费

第七章
结语

附文、附图及附表

1

能源发展历史规律
及能源转型关键影响因素

一　经济发展

能源作为经济发展中的关键物质要素，是国民经济发展的血脉，其需求受经济发展水平的影响最为直接，经济增长速度、经济运行模式和经济发展动力的改变，都会直接带来能源需求的变化。回顾发达国家经历的工业化进程，其能源需求与经济发展间的关系存在一定规律，从中可以看出共性趋势及需要关注的个性因素，为我国未来能源需求演变趋势提供宏观层面参考。

① 随着工业化逐步完成，经济增长对能源增长的依赖减弱，敏感度降低，但波动性加大

通常而言，在一国工业化的初期和中期阶段，产业结构变化的核心是农业与工业之间"二元结构"的转化，随着工业在GDP中占比快速提升，在带动经济快速增长的同时，能源消费往往以快于GDP的速度增长，敏感度即能源消费弹性系数多在1以上区间波动。

工业化进入后期阶段，产业结构变化的核心是工业和服务业之间的转化，第三产业比重持续上升直至超过第二产业，经济保持稳定增长，能源消费仍然继续增长，但由于产业结构的优化和用能效率的提升，增速显著低于GDP增速，逐渐进入低弹性系数区间。在工业化后期及后工业化时代，高耗能制造业产能渐次达峰后逐步退出，高技术制造业不断涌现。日本、德国从20世纪60~70年代转向发展集成电路、精密机械、精细化工等耗能耗材少、附加价值高的新兴产业，在降低能耗强度的同时保障了经济继续增长和发展模式的平稳过渡。以日本为例，1975年基本完成工业化，步入后工业化时期。

随着工业化的完成，产业结构基本保持稳定，但产业内部结构出现转换和分化，知识密集型、技术密集型产业逐渐成为主导，经济增长对能源消费的依赖度大幅下降，能源消费规模步入峰值区间。1980~2020年，日本经济年均增长1.6%，而能源消费年均增长仅0.3%，远低于经济增速，经济增长对能源需求的依赖度大幅降低。德国等发达国家在工业化进程中也呈现出相同趋势。

在这个阶段，甚至会出现因突发事件、短期危机等因素而出现能源消费与经济增长脱节的情况，能源消费弹性系数波动剧烈。从日本、英国、法国等发达国家近些年情况来看，能源消费弹性系数围绕0轴波动特征十分明显（图1.1）。

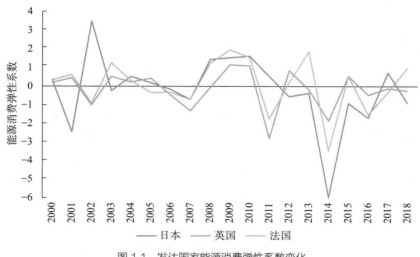

图 1.1　发达国家能源消费弹性系数变化
数据来源：BP、世界银行

②　发达国家人均能源消费多在人均GDP 2万美元左右到达峰值，但峰值水平、出现阶段及平台期持续时间存在差异

从美英德法日等发达国家经济发展与能源消费间关系的变化趋势来看，人均能源消费量随人均GDP的变化存在两个拐点。

第一个拐点多数出现在人均GDP达到2万美元左右时，人均能源消费量由上升期转入平台期，此后人均GDP增长并不会带来人均能源消费量的持续提升。日本和欧洲多数发达国家人均能源消费量的拐点出现在2万美元附近，平台期持续时间约30年，人均能源消费量峰值出现在平台期内。而由于资源禀赋、产业结构、能源消费模式、地理条件等因素的叠加效应，美国的人均能源消费量峰值出现在人均GDP达到2.5万美元左右时，峰值是日本和欧洲国家的约2倍，同时平台期持续时间相对较长。

第二个拐点多数出现在人均GDP达4万美元左右时，人均能源消费量由平台期转入下降期。日本和欧洲发达国家这一拐点均出现在人均GDP 4万美元时，而美国则出现在人均5.5万美元左右（图1.2，表1.1）。

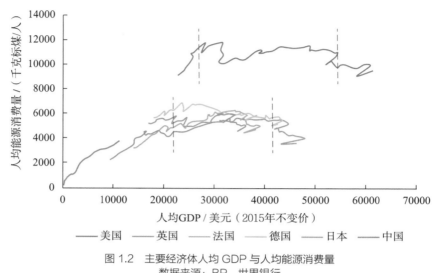

图 1.2 主要经济体人均 GDP 与人均能源消费量
数据来源：BP、世界银行

表 1.1 主要经济体人均能源消费量达峰情况

	美国	德国	英国	法国	日本
人均能源消费出现拐点年份	1973 2012	1979 2007	1973 2005	1979 2005	1979 2005
人均能源消费峰值/千克标煤	11789	6890	5829	6296	6045
人均能源消费平台期持续时间	40年	29年	33年	27年	27年

数据来源：BP、中国石化经济技术研究院

③ 得益于技术溢出效应和全球化深入推进，发展中国家与发达国家之间
单位 GDP 能耗差距显著收窄

美、英、德、法、日等发达国家在1970年左右单位GDP能耗进入快速下降
通道，中国、印度等发展中国家借助全球化潮流下的产业结构渗透交织及技术溢
出效应，迅速缩小与发达国家单位GDP能耗的差距。目前，发达国家单位GDP能
耗约在0.12千克标煤/美元左右的水平，我国在0.34千克标煤/美元左右，印度约
0.44千克标煤/美元。通常，带动单位GDP能耗下降的主要因素有三个方面。

一是经济增长动力转换。这也是各经济体单位GDP能耗下降的关键原因。
产业结构调整不仅体现在第二和第三产业占比的变化，还体现在产业内部结构
的调整。高耗能产业的逐步退出，先进制造业的接替发展，能有效打破能源消
费的刚性增长态势。就中国而言，在GDP总量不变情况下，冶金、燃料加工

及化工、建材三大高耗能产业的行业增加值占GDP比重每下降1个百分点，可使单位GDP能耗下降约3%。而服务业内部结构的演变也有利于缓解能源消费上升势头，在后工业化时期，美国等发达国家生产性服务业在服务业中占比高达60%～70%，研发设计、仓储物流、信息服务、节能环保等生产性服务业不仅本身具有较低的用能强度，同时可与工业、农业等其他产业协同发展有机融合，有利于工业、农业能耗强度的降低。

二是技术水平提高。首先，现代科学技术的发展带来劳动生产率的提高、新产品的迭代、循环经济的发展、生产生活方式的改变等，从需求端促进单位GDP能耗的持续下降；其次，节能技术的发展和应用，带来用能方式和用能结构的改变，从生产侧促进单位GDP能耗的渐进下降；再次，能源产业相关技术的发展，带来能源利用的多元化，能源结构朝着更能发挥各能源品种优势的方向演进，从供应侧促进单位GDP能耗进一步下降。此外，由于技术具有较强的溢出效应，在不断复制、学习、推广的过程中，各经济体均可获益，助推本国单位GDP能耗的下降。

三是全球范围内的产业协作。随着经济全球化的深入发展，各经济体间的资源和产品流动性增强，产业分工可根据各经济体比较优势和比较利益在国际间优化进行。对于发展中国家而言，一方面利用全球产业链协同作用，内部产业结构调整进程明显加快；另一方面依托全球资源和市场，经济产出效率明显提升。在这两方面的共同作用下，单位GDP能耗水平不断下降并显著缩小了与发达国家的差距。以中国为例，1978年改革开放、1992年南方谈话、2001年加入世贸组织、2013年构建高标准自由贸易区等，都使得中国不断加快融入全球产业链，单位GDP能耗从1978年的1.56千克标煤/美元迅速降低到目前的0.34千克标煤/美元，与美国等发达国家能耗水平逐步趋近（图1.3）。

综上所述，各国工业化发展历程中经济发展与能源消费间的关系蕴含共性趋势及差异化特征。共性趋势体现在随着一国经济增长动力转换、产业结构调整、产业内部结构优化等，会使得经济发展对能源增长的依赖减弱，进而出现不同经济发展阶段会处于不同能源消费强度区间的特点。差异化特征则体现在各国能源消费强度降幅、人均能源消费量峰值等均有所不同。得益于技术溢出效应和全球化深入推进，以中国为代表的发展中国家与发达国家之间单位GDP能耗差距显著收窄。

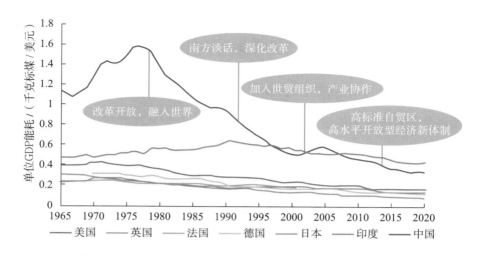

图 1.3　主要经济体单位 GDP 能耗变化
数据来源：BP、世界银行

二　社会演进

　　社会人口领域的变迁对能源消费产生重要影响，但与经济发展不同的是，社会演进对能源消费的作用更间接、更缓慢，但也更深层、更持久、更具惯性。整体看，人口规模增长带来社会总需求的扩大，人口结构演变带来劳动力结构、消费结构、储蓄结构等变化，城镇化发展带来人口聚集、城乡经济结构转化和消费模式变化，这三方面要素共同推动了经济发展、产业升级、消费升级等经济社会运行方式及模式的变化，进而影响能源需求。

1 人口规模和人口结构变化，对能源消费既有直接影响又有间接影响，共同构成了能源消费变化的底层逻辑

　　人类活动是能源消费的根本来源，人口规模是能源消费总量的基础。与经济活动直接影响能源消费不同的是，人口规模和结构的变化，既直接作用于能源消费，又通过影响经济发展间接影响能源消费，其对能源消费的影响更广泛、更深层、更持久。

　　从直接作用看，一国人口规模和人口结构的变化，会直接带来居民生活用

能的变化。一般而言，这种变化是渐进式的，且与一国的居民收入、现代化程度、城镇化水平、居民消费习惯等高度相关。从我国情况看，目前居民生活用能总量约为4.3亿吨标煤，人均约307千克标煤。2000~2010年间，得益于我国人均可支配收入的高速增长，居民生活用能经历了一段年均增速9%左右的快速增长期；2011年以来，我国人口增速显著降低，居民生活用能增长势头随之放缓（图1.4）。

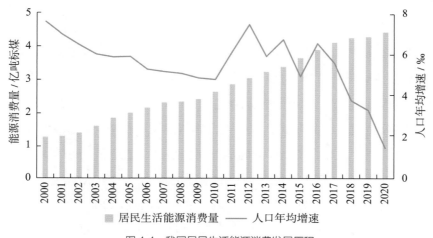

图 1.4　我国居民生活能源消费发展历程
数据来源：国家统计局

从间接作用看，人口规模和结构会通过影响一国生产活动，进而影响能源消费，其主要通过三方面起作用：一是人口规模的变化带来社会总需求的变化。人口规模越大，社会总需求随之扩张并带动经济增长，同时参与生产生活活动的主体也越多，进而拉动能源消费需求增长。二是人口结构的变化带来产业结构的变化。在分工合作、互联互通的现代国际社会，人口结构对一国能源消费的影响效果不亚于人口规模。因为能源消费由生产生活活动引发，且生产活动对能源消费的驱动作用更大，而生产活动与一国产业结构挂钩，产业结构的选择和营造又以该国人口的年龄结构、素质结构为基础。在15~64岁劳动年龄人口占比较高的"人口红利"期❶，经济发展的动力活力较为充足，有利于促成高储蓄、高投资、高增长的良好局面；而在65岁及以上老龄人口占比较高

---

❶ 人口红利期通常指总抚养比小于或等于50%的时期，在此期间，劳动年龄人口占总人口比重较大。

的"老龄化"社会，社会抚养负担沉重，经济体的生产能力和消费能力依次弱化，使得经济增长减速，倒逼产业自动化智能化，能源消费需求也随之降低。三是人口结构的变化带来城乡居民消费模式和消费结构的变化，进而对能源消费量和能源消费结构产生同步影响。

从我国情况看，1990年之前，我国人口总量高速扩张，带动经济建设和能源消费快速增长。特别是1962~1973年"婴儿潮"期间，人口自然增长率在20‰以上，人口规模逼近9亿大关。在此背景下，我国能源消费总量以接近年均10%的速度，迅速增至1973年的约4亿吨标煤。1990年之后，我国人口增长模式实现了从"过渡型"（高出生率、低死亡率、高自然增长率）向"现代型"（低出生率、低死亡率、低自然增长率）的转变，到2010年，劳动年龄人口占比稳步提升至75%，规模接近10亿，人口总抚养比降至历史最低值，"人口红利"充分显现。在此期间，依托人口结构的比较优势，我国大力发展劳动和资源密集型产业，形成了出口导向的外向型经济，创造了GDP年均增速10%的"中国奇迹"，进而带来了能源消费的快速增长，1995~2010年，我国能源消费总量扩大了1.7倍，是历史上增幅最大的一段时期。2010年以来，我国人口老龄化快速发展，"人口红利"日渐式微，使得投资、储蓄、消费等社会需求降低，原本的发展优势减弱，潜在的增长能力和经济增长速度减缓，在此期间，GDP年均增速降至6%左右，能源消费增速降至年均3%以下（图1.5）。

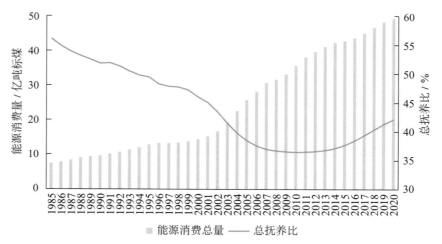

图 1.5　中国人口结构与能源消费情况
数据来源：国家统计局

2 城镇化发展在带动能源消费总量增长的同时，促进了电力、天然气等清洁高效能源品种的生产和利用

城镇化的进程，涵盖了人口聚集、设施建设、财富积累、资源消耗等内容，形塑了生活方式与生产方式，是国家工业化、现代化历程的重要反映。城镇化主要通过两大机制作用于能源消费：一是通过提升富裕程度，释放社会总需求，从而提高人均能源消费量；二是通过发挥集约效应，从而降低能源消费强度，并提高清洁能源消费占比。

根据发达国家经验，在城镇化发展的不同阶段，主导能源消费演变的机制不同，能源消费随城镇化发展呈现三阶段特征。在城镇化初期阶段（城镇化率＜30%），经济发展水平有限，对能源消费的带动作用也比较有限，而城镇化带来能源消费集约效应的发挥，又在一定程度上提高了能源使用效率，叠加效果是导致人均能源消费增速减缓甚至出现短期负增长。在城镇化中期阶段（30%≤城镇化率＜70%），经济高速发展主导能源消费迅速增长，叠加能源消费由分散式向集约式转变，气化程度、电气化程度大幅提升，天然气、电力等清洁能源快速发展，人均能源消费显著上升。城镇化进入后期阶段（城镇化率≥70%），经济发展从数量型建设转向质量型提升，能源消费模式也从高碳铺张向低碳节约转变，人均能源消费达峰并呈下降态势，能源消费总量达峰、结构深度优化（图1.6）。

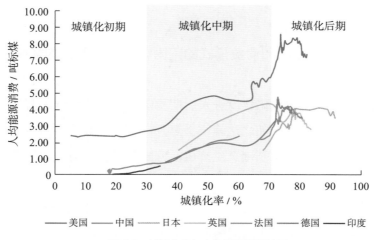

图 1.6　城镇化率与人均能源消费关系
数据来源：国家统计局、CEIC、WIND

9

以我国为例，1978年改革开放之后，我国城镇化建设加快发展，到1995年，城镇化率升至30%，能源消费总量从5亿多吨标煤增至13亿吨标煤，而单位GDP能耗从13吨标煤/万元锐减至2吨标煤/万元。1996年至今，城镇化进程处在中期加速阶段，人均能源消费量以年均5%的速度猛增，从1105千克标煤/人增至3500千克标煤/人以上，驱动能源消费总量接近翻两番、达到约50亿吨标煤，与此同时，煤炭消费明显下降，天然气在终端能源消费中的占比从1%增至11%，电力占比由8%增至28%（图1.7）。

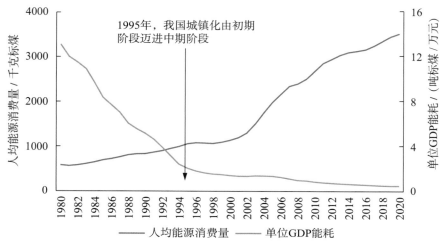

图1.7　我国人均能源消费与能源消费强度随城镇化变迁
数据来源：国家统计局

③ 社会结构、资源基础和消费模式的不同，导致各国人均能源消费量差异较大

历史经验表明，待城镇化建设进入后期稳定阶段，国家步入富裕的现代化社会，人均能源消费水平将随之达峰，甚至开启下行区间。然而由于发达国家的经济社会结构、能源资源基础、生产生活方式各异，使得人均能源消费量差异较大。

美国是人均能源消费第一大国，"汽车轮子"是托举美国能源消费规模居高不下的重要因素之一。美国人均能源消费于20世纪70年代达峰，峰值在8500千克标煤/人左右，目前降至7000千克标煤/人之下。在峰值平台期，美国工业部门能源消费迅速降低，交通部门能源消费大幅攀升，成为最大的能源消费部门，在终端能源消费中的占比在40%左右。现阶段，石油占美国终端能源消费总量的46%，对能源消费增长的贡献率高达69%。

英国等欧洲发达国家的能源消费呈现"居住生活型"特征，人均能源消费量在3000千克标煤左右。英国的人口密度高，人地矛盾突出，产业转移启动较早，加之近年来老龄化率增至18%以上，工业增加值在GDP中的占比跌至17%左右。在高收入支撑的高品质生活方式托举下，英国民用和商用建筑能源消费占比稳定增长，已突破45%，是最大用能部门。

日本的人口规模大、经济总量高，加之本国资源严重不足，其能源消费呈"节约高效型"特征，人均能源消费量不足3000千克标煤。一方面，尽管日本工业增加值在GDP中的占比远高于西方发达国家，但工业部门能源消费强度仅为0.8吨标煤/万美元，甚至低于德国，这与产业结构高端化政策密不可分；另一方面，得益于高水平城镇化和基础设施建设，以及民众经济节约的生活习惯，日本民用建筑人均能源消费量仅约500千克标煤，约为英国的65%。

综上所述，社会演进对能源消费的影响主要体现在三个层次。其一，人口规模扩张在促进直接能源消费的同时，也通过活跃经济环境间接带动能源消费增长；其二，人口年龄结构变迁通过影响一国产业结构，间接作用于能源消费；其三，城镇化发展在带动能源消费总量增长的同时，也促进了科技创新，进而有利于降低能源消费强度、加快能源消费结构清洁化进程。中国的能源消费不会是发达国家模式的简单翻版，立足我国社会结构和资源基础，必将发展出中国特色的能源消费模式。

三　技术变革

根据技术发展对能源生产和消费带来的影响，可以将能源技术划分为渐进性技术、突破性技术和颠覆性技术。渐进性技术是在原有技术基础上的进一步发展，是技术的提升或拓展，如节能技术、降本技术等；突破性技术是新的能源生产或利用技术淘汰或冲击既有技术体系，如页岩油气开采技术的突破、碳捕集利用与封存（CCUS）技术等；颠覆性技术是颠覆了既有主流产品、市场格局乃至生产生活方式的技术，如改良蒸汽机、内燃机、人工智能等技术的诞生和发展。从能源发展史来看，技术变革和能源转型相互影响、互为动力（图1.8）。

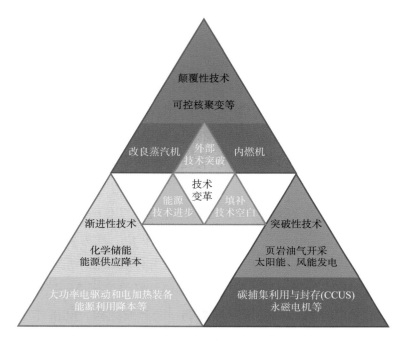

图 1.8　能源技术矩阵

① 渐进性技术持续带来能源使用效率的提升和成本的下降，进而引发能源供需结构的改变

　　能源转型的本质是能源品种间的竞争性发展和比较优势博弈，而渐进性技术则在获取难度、成本优势、应用领域等方面对不同能源品种产生影响。对传统化石能源而言，渐进性技术的发展在一定程度上迟滞了新能源对其替代的进度，而对可再生能源而言，渐进性技术的发展正在持续增强其在供应端的竞争力。二者之间相互博弈，对能源供需结构演进产生持续影响。例如，煤炭机械化开采水平持续提升带来了煤炭生产过程的降本提效，超超临界燃煤发电、煤基多联产精细化工等煤炭清洁高效利用技术的发展，都延长了煤炭的生命周期。又如，勘探开发技术带来油气生产成本的持续下降，原油直接裂解制乙

烯、芳烃等技术的持续进展，均对油气需求的空间形成了支撑。

② 突破性技术通常在能源生产或消费端带来台阶式跃升，进而引发某一能源领域的跨越发展

与渐进性技术不同的是，突破性技术通常会带来某一能源领域的台阶式跃升。最为典型的如美国水平钻探和水力压裂技术突破带来的"页岩革命"，使美国油气生产能力得到大幅跃升，由油气进口国一举转变为出口国，同时也使得美国的天然气消费在保持了十余年的平台期乃至呈现出小幅下降趋势后，于2007年开始再度迎来了高速增长，2019年的消费量比2006年增长了约45%（图1.9）。我国煤基甲醇制烯烃（MTO）、煤制油等技术的突破，不仅拓展了煤炭利用的空间和范围，延长了煤炭的峰值平台期，而且使煤炭在我国能源体系中的战略性地位进一步巩固。而光伏、风电、电池等技术近年来的突破和发展，使可再生能源替代化石能源发电、电动汽车替代燃油汽车成为大势所趋，导致石油消费峰值不可避免地到来。

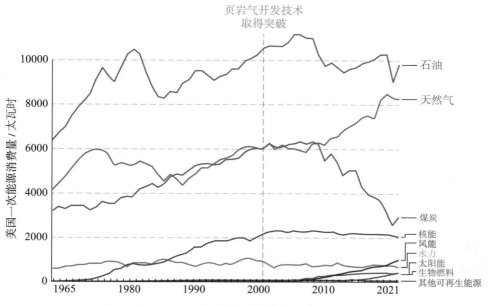

图 1.9　页岩革命对美国能源消费结构的改变
数据来源：Our World in Data

③ 颠覆性技术从内部或外部打破能源供需体系平衡，进而引发能源结构中主导能源的更迭和新旧动能的转换

与突破性技术不同的是，颠覆性技术往往不局限于能源领域本身的技术，其影响也不仅作用于某一特定能源领域，而会对经济社会发展和生产生活方式的底层逻辑和动力产生影响，进而足以打破能源体系现有平衡，改变演进路径，带来更为广阔而深刻的能源转型。自从人类向工业文明迈进，世界历经的三次能源转型均是受颠覆性技术的推动。第一次是18世纪60年代起从薪柴时代向煤炭时代的转型，蒸汽机的改良推动了煤炭开采利用技术的提高，煤炭得以广泛应用于以蒸汽机为动力的工业生产和交通运输，并逐步取代薪柴成为人类活动的主力能源。第二次是19世纪中叶起从煤炭时代向石油时代的转型，伴随着石油大规模开采和内燃机的发明，以内燃机为动力的交通运输业和石化工业迎来了蓬勃发展，世界能源的主角开始演变为石油和天然气等。第三次是当前正在经历的从石油时代向可再生能源时代的转型，20世纪90年代开始，围绕可再生能源利用颠覆性地形成了一系列技术集群，有力地促进了可再生能源的发展利用，推动摆脱对化石能源依赖并有效降低温室气体排放，可再生能源在全球能源结构中的占比持续提升并逐步加速。

综上所述，技术进步是能源系统演进的重要推动力。渐进性技术通过增强不同能源品种的竞争力进而持续作用于能源供需结构调整，突破性技术带来某一能源领域的跨越式提升进而强化其在能源结构中的地位，颠覆性技术则通过改变经济社会发展和生产生活方式的逻辑和动力，进而引发能源供需结构、基础以及平衡的根本性变革。

四 政策引导

公共政策作为"有形的手"，对能源转型发展发挥重要的引导作用，不同类型的公共政策对能源消费的作用机制不尽相同。生态环境政策和能源产业政策直接作用于能源生产和消费，对能耗总量、能源品种产生约束和引导作用。

经济社会政策和财政金融政策间接影响能源体系，前者主要通过影响社会总需求而作用于能源消费规模，后者主要通过约束能源供给而作用于能源消费结构。此外，国际贸易和环境政策对包括我国在内的全球能源转型进程产生重要影响（图1.10）。

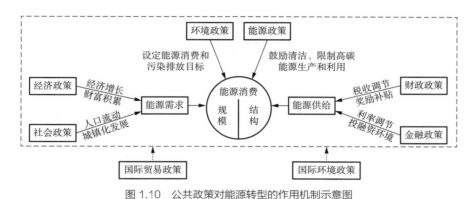

图 1.10　公共政策对能源转型的作用机制示意图

① 生态环境政策直接约束能源生产和消费行为

工业革命极大地创造了生产力，带来了经济前所未有的飞跃，却也激化了人类活动与自然环境的矛盾。20世纪以来，美国、英国、日本等发达工业国家纷纷爆发烟雾、酸雨、水污染等严重公害事件，警示各国政府、政党和民众深刻反思经济发展和环境保护问题。1970年4月22日，首个"地球日"活动在美国举行，此后不久，美国国会通过《清洁空气法》，首次建立了国家环境空气质量标准，10年间，美国工业细颗粒物排放减少了50%。

我国人口基数大、密度高，长期存在资源供应紧张、生态环境破坏问题，有着节约资源的文化传统和现实需要。自20世纪80年代起，能源环境问题成为经济发展中的突出矛盾，国家先后颁布《关于加强节约能源工作的报告》《征收排污费暂行办法》《节约能源法》等一系列政策法规，加大污染治理力度，促进能源合理开发和利用。特别是2013年以来，我国出台"大气污染防治十条措施"，向雾霾宣战，全面治理燃煤小锅炉，严控高耗能、高污染行业新增产能，10年间，我国煤炭在一次能源消费占比下降10个百分点以上，PM2.5平均浓度下降超40%，空气质量显著提高。

② 能源产业政策直接推动或抑制相关能源品种的发展

相比生态环境政策，能源产业政策在规范能源生产消费活动时的着力点更具体、针对性更强，通过科学规划能源转型路径，完善配套保障制度，推动协同实现能源利用、经济发展、环境保护等多重目标。

天然气作为资源丰富且相对清洁、低碳的优质化石能源，是各国能源产业政策扶持的重点。英国通过改革，建立起充分竞争的天然气市场，辅之以专业独立的监管机构，提升了天然气产业发展效率，推动了天然气的大规模开发利用。21世纪以来，得益于西气东输、川气东送等重大工程建成投产，我国天然气产业迎来快速发展期，此后，国家一方面在供给侧大力扶持天然气特别是页岩气等非常规天然气增储上产，鼓励进口国外天然气资源；另一方面稳步推进以价格机制为核心的天然气市场化改革，促进天然气产业链良性发展，为我国能源消费结构优化和转型发挥了重要作用。

可再生能源在资源储量、环境友好等方面具有明显优势。1995年我国发布《新能源和可再生能源发展纲要（1996～2010）》，明确了全国新能源和可再生能源开发利用的总量目标。进入21世纪以来，可再生能源产业在政策扶持下获得长足发展，尤其是2006年之后，随着《可再生能源法》的施行，鼓励支持可再生能源并网发电、全额保障性收购、培育引导终端消费等政策机制迅速健全完善，我国可再生能源产业发展步入快车道，成为能源系统重要组成部分。

③ 经济社会政策通过刺激社会总需求，影响能源消费规模

市场经济无法完全克服"经济周期"的内在局限，经济发展往往在繁荣和衰退之间交替波动。宏观经济政策旨在调节波动的幅度，将经济发展尽量长期地维持在繁荣区间，促进科技创新、制造兴盛和财富积累。经济领域的发展活跃表现为投资、消费、净出口等社会总需求的增长，投射到能源领域，带来能源消费量的增加。

人口流动频繁是现代化社会的一大特征，社会政策通过科学规划都市圈城市群发展和交通基础设施建设，引导人口有序流动和产业合理分布，促进经济系统良性循环。社会政策的效果投射到能源领域，一方面，生产要素流动对能源"血液"提出更高需求，带来能源消费总量增长；另一方面，人口和产业的科学聚集有利于发挥规模效应，提升能源利用效率，降低能源消费强度。

④ 财政金融政策通过营造投资和经营环境，影响能源供应结构

现代社会建立和运转在工业革命创造的物质文明基础上，因此对化石能源具有强烈的路径依赖。可再生电力等新兴能源品种虽然清洁高效，但在产业发展初期缺乏经济性和相容性，难以撬动能源系统自发地转型。用好财政金融政策，能够在新兴产业跨越成本竞争力"拐点"的过程中发挥四两拨千斤的关键作用。财政政策通过税收优惠、投资补贴、经营奖励等措施，给予新能源产业针对性扶持，从而降低企业生产成本，提升新能源的市场竞争力。金融政策为新能源产业营造更有利的投资融资环境，从而吸引更多资本、人才等资源入局，加速产业成长成熟，扩大新能源供应规模和质量。2010～2020年间，我国各级财政在光伏产业链投入持续、高额的补贴，促成了技术快速进步、产业跨越发展，光伏发电成本下降近90%、装机量增长17倍，不仅对我国能源系统绿色转型贡献重大，而且帮助我国在国际竞争中占据一处战略科技制高点。

⑤ 国际贸易和气候政策影响全球能源转型进程，进而作用于能源生产与消费

随着全球化发展深化，各国政治经济往来日益密切，能源系统成为更开放的领域，气候博弈已然成为大国博弈的重要内容，对经济发展和能源消费产生重要影响。一方面，国际气候政策，例如《联合国气候变化框架公约》《京都议定书》《巴黎协定》等，对生态环境政策和能源产业政策的制定和实施施加约束，间接推动节能减排行动和绿色转型进程。另一方面，国际贸易政策，例如碳市场、碳关税等，直接作用于制造业、特别是高耗能产业的生产经营环境，增加生产成本，从而倒逼相关产业在科技创新、产品升级等领域扩大投入，提高能源综合利用效率和市场竞争力。

综上所述，公共政策对能源转型发展发挥重要引导作用。一方面，生态环境政策和能源产业政策直接作用于能源消费规模和结构，经济社会政策和财政金融政策通过调整社会总需求、改善投资和经营环境从而间接作用于能源供给与消费；另一方面，随着大国博弈全面升级，国际贸易政策和气候政策日益显著地影响产业结构和能源消费。

第二章

我国经济社会发展趋势下的
能源转型发展进程研判

一 经济发展

　　新型工业化、城镇化、乡村振兴、区域协调发展战略将为我国经济发展注入强劲动力，提升全要素生产率，助力实现第二个百年奋斗目标。预计我国经济在2030年前将保持中高速增长，人均收入水平不断提高，产业结构稳步调整优化。2035年后，逐渐步入中低速平稳增长区间，重点转为提高区域经济协调性及进一步提升经济增长质量，进而不断向2050年全面建成社会主义现代化强国目标迈进。伴随经济发展阶段的转变，我国能源消费也将持续优化演进。

① 我国近期将以较低的能源消费增速支撑中高速的经济增长，2030~2035年后能源消费增速逐步转负

　　对比此前的高增速发展阶段，未来我国的经济增速稳中趋缓，同时经济增长动力转换带来的经济发展模式转变越发明显。就供给侧而言，技术进步的要素贡献率将不断上升，从劳动密集型产业为主转为资本和技术密集型产业为主。就需求侧而言，随着我国从中等收入迈向高收入阶段，高投资高出口为依托的经济发展模式将逐步转为消费引领。二者共同作用下使得我国近期可以2%左右的能源消费增速保障5%左右的中高速经济增长。2030~2035年后随着能源需求达峰，能源消费增速逐步转负（图2.1）。

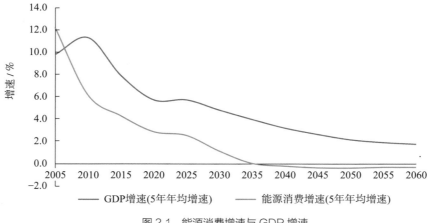

图 2.1　能源消费增速与 GDP 增速

② **较大人口基数及经济增长动力转换，将使得我国人均能源消费平台期有望早于人均GDP 2万美元到来**

相较于人均GDP与人均能源消费呈现三阶段特征的普遍规律而言，我国将呈现出"峰值更低、平台期更早更短"的差异性特征。在过去的四十多年中，我国人均GDP迎来了高速增长，2021年，我国人均GDP达到1.25万美元。未来，各地区经济协同发展、新型工业化、城镇化、乡村振兴都将成为我国跨越中等收入陷阱的有力支撑，实现人均GDP的稳定增长。而人均GDP的提高也会随之带来经济增长动力的转变，进而影响能源消费。由于人口基数大，金字塔效应将拉低我国人均能源消费，同时，由于能源消费模式转变和经济发展质量提升，使得人均能源消费峰值低于欧美国家，早于人均GDP两万美元水平到来，平台期稳定时间也将短于发达国家的30年（图2.2）。

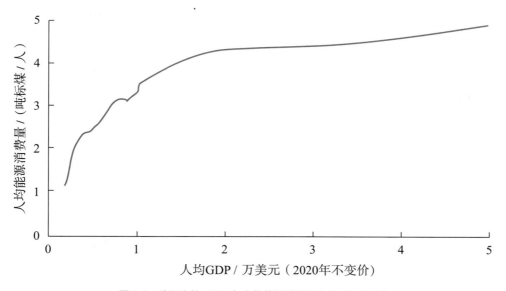

图 2.2　我国人均GDP与人均能源消费量变化历史及趋势

③ **经济结构向高端制造业和现代服务业演变，叠加"双碳"目标的约束引导，将使得我国能源消费强度显著降低**

2020～2035年我国能源消费强度降低速度较快，随后将保持稳步下降的节奏。能源消费强度降低的背后是我国将逐渐步入后工业化时代、产业结构持续优化调整、"双碳"目标将加速产业去重化的发展逻辑。人口大国、全球价值链重要枢纽的定位，与保障粮食安全、产业链安全目标的共同作用下，我国产业结构演变既会体现发达国家工业化进程中的经济结构变化的共同趋势，又会存在自身特点。

近期，制造业占比基本保持稳定，新一轮产业科技革命为制造业赋能，产业结构去重化节奏加快，钢铁、水泥等传统重工业占比将稳步下降，航空航天器及设备制造业等高技术制造业蓬勃发展，增长动力逐步转换。高耗能行业占比下降，先进制造业和现代服务业的发展，带来单位 GDP 能耗的显著降低，助力能源消费达峰。

中远期，第三产业占 GDP 比重不断上升，与其他产业的协同融合效应不断增强。生产性服务业的快速发展有力支撑制造业转型升级以及现代化农业的发展。2035 年我国基本实现新型工业化、农业现代化，中国将进入后工业化时代，高技术制造业占比逐步超越重工业占比，产业结构逐步趋于稳定，单位 GDP 能耗下降幅度趋缓（图 2.3）。

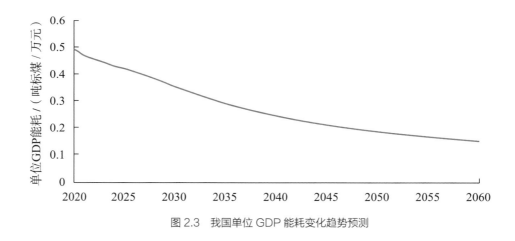

图 2.3　我国单位 GDP 能耗变化趋势预测

综上所述，人口大国等独特因素，叠加"双碳"、保障粮食安全、产业链安全等目标，使得新型工业化之路成为我国经济发展的必然选择。随着新型工业化进程的推进，我国经济发展与能源消费关系的变化既会符合工业化进程中的共性特点，又会体现出个性特征。近期，我国将以较低的能源消费增速支撑中高速的经济增长，单位 GDP 能耗快速下降；远期，能源消费增速转负，单位GDP能耗保持稳步下降。我国人均能源消费平台期有望早于人均GDP 2万美元水平到来。

二　社会演进

我国正在加快构建以国内大循环为主体、国内国际双循环相互促进的新发展格局，在需求侧坚持扩大内需的战略基点，在供给侧力求科技自立自强、产业链关键环节自主可控，以此应对大国博弈和全球产业链重构带来的风险隐患，谋划更高水平开放和更高质量发展。在此背景下，我国经济增长将更多倚靠内需驱动，我国社会人口领域的发展演进对经济活动和能源消费的影响或将再次凸显。

① 我国人口规模达峰后的逐步萎缩将导致对能源消费总量的支撑作用逐渐减弱

近年来，在"少子化"和新冠疫情的共同作用下，我国人口自然增长率显著下降，2021年全国出生人口仅1062万人，人口自然增长率跌至0.34‰。在此趋势下，我国人口峰值或将进一步提早、于"十四五"期内到来，峰值人口规模预计在14.13亿左右。总人口的达峰为国内社会总需求的扩张约束了上限，能源消费的增长也将随之见顶。

在人口"惯性"作用下，我国人口将在达峰后的较长一段时间维持14亿左右的庞大规模，支撑经济社会活动保持较高活跃度，使得能源消费总量稳定在峰值平台区。2045年之后，我国人口规模将快速萎缩，预计2060年总人口将跌破12亿。人口短时期内大幅减少，将导致社会总需求加快收缩，进而导致其对能源消费的托举作用减弱（图2.4）。

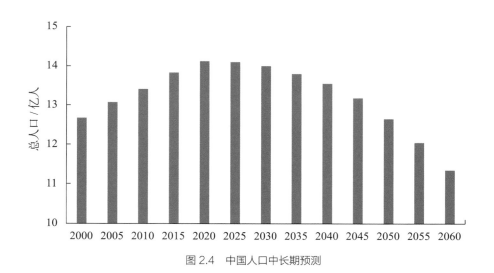

图 2.4　中国人口中长期预测

② 人口老龄化将影响我国经济增长模式和能源消费模式，对能源消费总量增长产生抑制作用，并促进能源系统绿色转型

人口老龄化是伴随现代化进程的常见现象，也是众多发达经济体正在面对的共性问题。日本是世界上老龄化程度最严重的国家，借鉴其经验可知，在轻度老龄化社会（7%≤老龄化率＜15%），第二产业比重持续下降，能源消费总量减速增长；在中度老龄化社会（15%≤老龄化率＜20%），工业、交通等部门活力进一步降低，能源消费总量达到峰值并进入平台期；进入重度老龄化社会后（老龄化率≥20%），社会抚养负担空前沉重，产业结构深刻重构，医疗保健等行业对能源消费的贡献度增加，但重度老龄化人口结构下全社会对能源的需求总体趋弱，能源消费进入下行区间（图2.5）。

我国人口老龄化的进程急剧、影响深远。2021年，我国65岁及以上人口占比超过14%，意味着我国从轻度老龄化转为中度老龄化仅用了20年左右的时间（日本用了近30年的时间）。预计"十四五"期间，老龄化带来的劳动力短缺和社会抚养问题将持续发酵，制约劳动密集型制造业和交通部门的发展势头，使得能源消费总量增长放缓，煤炭、石油等高碳能源消费量达峰后逐步下降。2035年前后，我国老龄化率预计将达到20%，步入重度老龄化社会，到2060年，老龄化率将进一步增至30%以上，届时，劳动年龄人口规模将缩减两成以上，人口总抚养比逼近80%，全新的人口结构将加速产业结构向智能制造和高水平服务业深度转型，促进能源消费需求的持续下降，电力消费占比进一步上升。

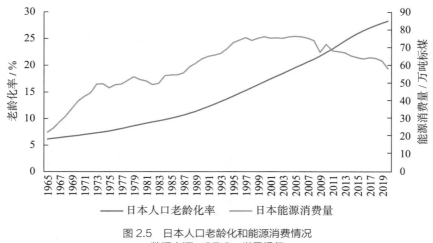

图 2.5　日本人口老龄化和能源消费情况
数据来源：CEIC、世界银行

③ 我国城镇化将进入后期稳定阶段，助推能源消费进入减速达峰期，清洁高效能源对传统化石能源加速替代

当城镇化进入后期稳定阶段，大规模基建告一段落。一方面，经济繁荣、民生富足进一步刺激社会总需求，提高对能源产品的支付能力，特别是提高对清洁能源的支付意愿和能力；另一方面，科技进步、电气化转型大幅提升能源使用效率，降低能源消费强度。综合来看，在城镇化率达到75%之后，抑制能源消费增长的作用机制占据主导，能源消费将开启下行周期（图2.6）。

预计我国城镇化建设将于2030年前进入后期稳定阶段。近中期，得益于区域协调发展战略和新型城镇化战略的实施，在都市圈、城市群建设的驱动下，能源消费领域或将迎来新一轮涨势，但幅度有限、周期不长；长期来看，城镇化带动产业结构高端化，密织交通设施"一张网"，促进建筑节能科技利用和普及，将有利于实现我国能源消费总量和强度"双降"。

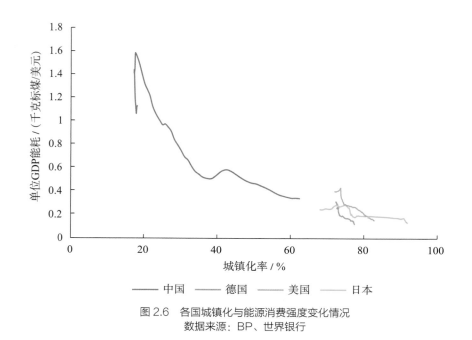

图 2.6 各国城镇化与能源消费强度变化情况
数据来源：BP、世界银行

综上所述，社会领域有利于能源消费规模达峰并下降、能源消费结构清洁低碳的驱动因素将占据主导地位。一是人口规模预计将于"十四五"期间达峰并逐步进入负增长阶段，从而弱化对能源消费总量的托举作用；二是人口老龄化问题持续发展，将带来产业结构向智能制造业和高水平服务业深度转型，以及能源消费结构电气化转型；三是城镇化建设进入后期稳定阶段，能源消费强度进一步下降，推动能源消费总量下降。

三　技术变革

我国作为世界上最大的能源生产国和消费国，面临着世界能源转型、气候变化、技术竞争、经济贸易和资源环境等诸多挑战。"四个革命、一个合作"能源安全新战略将能源技术革命提升到保障能源战略安全的新高度，为能源技术创新赋予了新的重大使命；2020年9月提出"双碳"目标后，清洁能源技术、低碳负碳技术进一步迎来了新的快速发展期。在此背景下，技术发展将为未来我国能源转型发展和能源体系建设产生至关重要的作用。

① 可再生替代、电气化替代、清洁化利用技术的进步共同作用于能源转型

　　我国能源转型及技术推动将主要来自三个方面：一是能源供给的可再生替代，太阳能、风能、核能、生物质能、地热能、氢能等能源供应技术的开发和应用，将不断增强清洁能源多样化供给能力；二是能源消费的电气化替代，以电力取代化石能源应用场景的拓展和深入，以及储能和能源互联网关键技术的大力开发，将持续提升电力在能源消费中的比例；三是化石能源的清洁化利用，超超临界燃煤发电、CCUS、超高参数高效二氧化碳燃煤发电等技术的发展，将有利于推进实现化石能源的清洁、高效、绿色、低碳利用，更好地保障可再生能源大规模接入电网后的电力持续稳定供应，以及降低化石能源的碳足迹。

② 新能源利用和存储技术将愈发成为世界各国低碳技术角力的焦点

　　新能源已成为一个主要由技术变革驱动的产业。近些年来，风电、光伏发电在技术进步的驱动下已经取得了长足的进步，并已日趋成为能源系统中的新增主力能源。未来在风电、光伏发电技术持续进步和降本的同时，氢能、先进储能、核能技术、生物质能、地热能开发利用等将会成为影响未来能源转型技术方向和路径的重要因素。例如，氢能方面的固态储氢材料、氢燃料电池、氢内燃机的研发和突破将助力氢能在工业和交通运输业发挥重要作用；固态电池、空气压缩储能、熔盐储能等先进储能技术与可再生能源的耦合，CCUS技术与传统化石能源的融合，不仅为提升可再生能源安全稳定供应水平形成支撑，也在保障工业用能安全方面发挥重要作用；模块化、小型化核裂变装置研发，以及中国、美国、俄罗斯等国家正在积极进行的可控核聚变研发工作，也将促进核能在未来能源体系中的应用。

　　综上所述，我国能源转型将围绕确保能源安全和推进低碳转型，由能源供给的可再生替代、能源消费的电气化替代和化石能源的清洁化利用等三方面技术创新推动实现。新能源利用和存储技术愈发成为技术变革的核心焦点，将持续增强风电、光伏发电以及氢能等新能源的竞争力。技术进步也将促进我国用能从化石能源和燃煤发电等高碳排放能源为主，转向绿电、绿氢、核能等多种

清洁能源耦合，并辅之以"化石能源+CCUS"及储能等，保障低碳能源安全稳定供应。

四　政策引导

我国发展已进入新的历史方位，将朝着实现中华民族伟大复兴的宏伟目标继续前进。未来较长一段时期，国内践行新发展理念要求更高、全面深化改革任务更艰巨，国际经济全球化遭遇逆流，产业链供应链重构重组，大国博弈持续升级。在此背景下，公共政策将更加突出前瞻性、系统性、互补性、协同性，对内确保经济社会高质量发展，建成社会主义现代化强国，对外开创大国外交新局面，推动构建人类命运共同体。

① 生态环境政策的着力点将逐步从能耗双控转向碳排放双控，加快能源结构绿色转型

为积极应对气候变化问题，建设美丽中国，实现中华民族永续发展，我国生态环境政策将持续在节能降碳方面发力。碳达峰阶段，在适应我国能源资源禀赋、保障能源供应的基础上，政策将重点从能源消耗总量和强度控制转为二氧化碳排放总量和强度控制，并以大力发展新能源作为降低碳排放的重要抓手。碳中和阶段，生态环境政策将着眼于加快实现化石能源替代和能源结构转型，总目标制定和子目标分解更清晰，职权规范和监督问责机制更完善，对转型成本负担的考量分配更科学，有关财政准备更充足，从而促使能源生产者和消费者获得内生动力，加快绿色转型。

② 能源产业政策将在保障国家能源安全的基础上，更多培育和完善市场机制实现能源系统绿色转型

我国能源转型将加快推进，为避免在能源结构剧烈转型过程中，因能源领域出现的单点问题而引发经济社会系统性风险，能源产业政策未来将着力保持能源三角动态平衡，处理好发展与减排、短期与中长期、整体与局部间的关系。能源

产业政策的首要目标是保障能源安全稳定供给，实现多能互补、动态调配、及时响应、化解风险。其次，朝着能源转型与经济发展协同推进的方向，能源产业政策的重要内容将体现在加快建成开放竞争的全国能源大市场，完善市场机制，促进流通、繁荣产业、保障供应。同样重要的是，能源产业政策将致力于实现能源生产和利用的清洁低碳化，健全完善碳交易市场，激励绿色低碳技术创新，促进可再生能源规模化发展，培育绿色低碳的生产方式和消费方式。

③ 经济社会政策将持续发力高质量发展，推动能源需求总量继续增加和清洁绿色能源需求不断扩大

高质量发展将成为未来较长一段时期我国经济社会发展的主题。宏观层面，以创新为动力的经济增长更稳定、区域城乡更协调、发展成果更普惠；中观层面，以先进制造业为龙头的现代产业体系规模不断壮大、效益不断提升；微观层面，企业品牌影响力和国际竞争力进一步增强。因此，近中期公共政策将致力于扩大内需，升级产业，激活经济社会发展动力，带动能源消费规模保持增长。远期来看，我国将跻身中等发达国家行列，产业结构调整升级基本完成，人民生活更加富足充实，经济社会政策将更加注重发展质量，力求在生态友好、民生普惠的高水平上保持经济稳定增长态势，因此，能源消费总量将依然被托举在高位，但能源利用效率将大幅提升、绿色转型将提速实现。

④ 财政金融政策将持续发力扶持新能源发展，并在科研领域和储能、CCUS 等相关产业倾斜更多资源

"双碳"目标下，我国对清洁能源替代化石能源的需求更加迫切。但未来较长一段时期，清洁能源发展仍会面临经济性瓶颈，在其跨越经济性门槛之前，能源转型成本负担问题会随着规模扩大而更加凸显，为此，需要财政金融政策为扶持新能源产业发展壮大持续发力。与现阶段不同的是，未来财政金融政策将更多从能源大系统出发、夯实系统整体的可靠性，各项投资、经营、税收、金融优惠政策将向基础研究和应用转化领域倾斜，向储能、CCUS、能源基础设施等相关产业延伸，从而倡导科研力量向能源安全领域聚焦，引导社会资本服务实体经济绿色发展。

⑤ 碳排放权将成为国家间博弈的重要议题，促使国内能源清洁化、产品低碳化

降低碳排放、积极应对气候变化问题已经凝聚国际社会共识，成为全球治理体系的重要内容。碳排放主要来自能源消费活动，背后牵连着产业分工和经济增长，与国家生存权、发展权息息相关，必将成为大国博弈中新的战略要点。展望未来一段时期的国际发展环境，一方面，国际碳减排立法将对我国能源产业转型施加硬约束。随着碳边境调节税等法规的施行，国际话语体系革新升级，这将直接冲击我国工业生产工艺和销售渠道，并对国内碳减排立法施加更大压力。另一方面，低碳科技成熟完善将营造全新的国际贸易软环境。能源生产利用模式的转型将触发整个工业系统和产业结构变革，在能源转型过渡期，低碳科技竞争的胜败至关重要，这不仅直接关系到未来中国制造的国际竞争力和经济效益，还将为知识产权国争得能源及相关行业国际标准的制定权和发展领导权，从而构建有利于本国利益的国际贸易新秩序。

综上所述，政策因素将持续引导能源消费绿色低碳转型。一方面，国内生态环境政策和能源产业政策将在保障能源供应安全的基础上，加快推进节能降碳和非化石能源替代，经济社会政策和财政金融政策将营造有利于清洁低碳能源生产和利用的政策环境；另一方面，国际碳排放权博弈将成为大国博弈中新的战略要点，通过碳减排立法硬约束和低碳科技竞争软环境两条渠道，影响我国能源转型进程。

3
第 三 章

能源三角动态平衡下的我国
能源转型发展路径选择

一　保持能源三角动态平衡是能源转型的核心原则

　　能源系统是经济社会发展的重要物质基础，安全稳定、经济高效、绿色低碳三方面目标构成了能源三角，正是在这三者之间的综合平衡和协调过程中，推动和实现了能源结构转型和能源体系发展。因此，能源转型的路径选择和能源体系的发展目标，就是根据国家不同发展阶段的需要，实现能源三角的动态平衡。而这个能源三角动态平衡的演进，受内力和外力的共同推动。所谓内力推动，即由于三大目标之间优先级存在差异，能源系统平衡朝优先级高的目标倾斜，发展到一定程度后带来主要矛盾的转移和优先级的转换，能源系统进入从"稳态"到"亚稳态"再到"新稳态"的平衡演进循环。所谓外力推动，即发展环境变化和发展要求调整，从外部打破既有平衡，使能源系统由"稳态"进入"非稳态"再到"新稳态"，三大目标优先级也随即发生转换。以上构成了能源三角内因、外因的相互作用和发展动力。

1 安全稳定是能源系统的底线要求，决定了能源平衡三角的稳固基础，体现的是能源系统能否支撑经济社会平稳发展的问题

　　能源系统建设的根本目的是保障社会运行、经济发展和人民生活等各方面的需要，安全稳定的供应是能源系统建设过程的首要任务和底线要求，也是推进能源转型进程中需要考虑的先决条件。能源系统的安全稳定至少包括三方面的内涵，一是在总量上确保全社会能源需求得到合理满足；二是能源供应结构总体优化，如保障工业化快速发展阶段高比例重工业经济结构对供应稳定性强的化石能源的需求，保障高端制造业和生产性服务业经济结构下对与智慧生产过程匹配程度更高的电力需求等；三是能源体系保持较强韧性，供需体系实现协调稳定，化石能源供应风险整体可控，短时外部供应波动不会对经济社会造成大的冲击和破坏，高比例可再生能源系统保持运行安全稳定。

② 经济高效是能源系统的内在特征，反映了能源平衡三角的构建质量，体现的是能源系统能否促进经济社会高效发展的问题

能源系统要更好发挥对经济社会发展的保障与促进作用，要求能源供应成本具有经济性、能源利用效率具有高水平。一方面，以较小经济成本支撑经济社会发展为目标，使能源要素的价格稳定在合理区间，防止能源价格高企给生产生活造成负担，防范引发通胀风险。另一方面，通过能源品种间的互补和协同，不断促进能源体系向运行效率最大化和运行成本最小化的方向发展，在动态优化中实现自身技术进步，进而更好支撑经济社会发展。

③ 绿色低碳是能源系统的发展方向，锚定了能源平衡三角的演进目标，体现的是能源系统能否实现综合效益更大化的问题

能源在经济社会发展和人民生活需要方面不仅体现出其物质属性和经济属性，同时能源生产和利用过程还具有显著的社会属性和环境效应。以降低能源资源开发和利用过程对自然环境的破坏、促进清洁能源和低碳能源使用比例的提高、实现能源资源的可持续使用和接替为核心的绿色低碳发展目标，是能源体系追求社会效益和生态效益的体现，而这一目标与安全稳定目标、经济高效目标往往具有矛盾性。因此，平衡好经济效益、社会效益和生态效益三者关系，实现综合效益最大化，是能源系统优化演进的核心原则，也是可持续发展的必由之路。

二　我国能源转型进程中能源平衡三角的演进历史及未来趋势

新中国成立七十余年，尤其是改革开放四十余年以来国家建设和发展的主要进程中，以经济建设为中心、着力解决人民日益增长的物质文化需要这个重大课题一直是我国经济社会发展的主任务，在这一进程中，能源平衡三角侧重经济高效这一极的支撑促进作用，并为我国经济建设和社会发展取得历史性成就作出了重要贡献。但近年来，随着油气对外依存度的持续攀升和生态环境承载能力的不断承压，安全稳定和绿色低碳两极越来越处于紧平衡状态，解决能

源安全稳定供应和绿色低碳发展问题越来越迫切。

随着我国经济社会发展进入新时代，经济由高速增长阶段转为高质量发展阶段，劳动密集型产业向知识和技术密集型产业转变，我国产业总体能源成本敏感性减弱，对能源系统经济高效的包容性增强；而随着国际形势日趋复杂，气候和环保要求日益严峻，对能源系统安全稳定和绿色低碳的要求显著提高。这种消长变化，使得能源三角进入新的动态调整和平衡阶段，未来实现什么样的动态平衡、如何实现这种动态平衡，决定了我国能源转型发展路径。具体来看，我国的能源三角动态平衡调整，将主要聚焦于以下三方面问题。

① 安全稳定方面，能源系统需解决好化石能源供应风险增加和可再生能源剧烈波动问题，保障经济发展和产业高质量转型升级

从能源系统承担的保障国家经济社会安全发展重要使命看：我国当前正处于经济稳增长、调结构和提质量的转型升级阶段，未来产业结构调整幅度和节奏仍存在较大不确定性，因此其对能源系统的具体要求亦存在不确定性。一方面全球主要经济体的产业发展在基本完成工业化之后，一般存在一产和二产占比逐步下降、三产占比持续提升的长期特征，欧、美、日等发达经济体的第三产业占比均已超过了70%甚至80%，我国第三产业增加值占比约为55%并仍处于持续增长进程中；另一方面，作为在全球产业分工中占据重要地位的制造业大国，在保障产业链健康稳定、产业布局合理、就业平稳的发展要求下，第二产业在我国经济发展中仍将发挥至关重要的作用，国家已明确强调要"保持制造业基本稳定"。未来在两方面的共同作用下，我国产业结构调整幅度和进度仍存在不确定空间，第二产业的内部结构优化，尤其是重工业产能的控制以及高端制造业的发展将是影响我国三次产业用能特征的关键影响因素。而不同的三次产业结构及产业内部结构，既会对能源系统总体的安全性、稳定性提出不同要求，也会对供应稳定性强的化石能源和智慧灵活性强的电力等能源结构产生重要影响。

从能源系统自身转型过程中面临的安全稳定风险看：一方面是化石能源随着地缘政治动荡、金融和投资导向变化而呈现出供应风险加剧的趋势。全球地缘政治事件频发导致俄罗斯、中东等全球重要油气产地的生产能力、资源流向等将经历长期调整，同时叠加贸易制裁、价格控制等手段，将会进一步加剧油气市场动荡。而随着气候目标政策向油气资源生产领域的传导延伸，油气领域投融资也将面临越来越严峻的形势，从而给全球油气供应和我国油气资源获取带来更大风险。另一方面是随着非化石能源的高速增长，带来高比例可再生能源体系运行安全稳定的风险。风电、光伏的日内和季节性波动特性将随着其在能源供应中占比的显著增加而快速放大，能否通过大规模储能、需求侧灵活响应等手段有效解决剧烈波动性问题，将是决定未来高比例可再生能源体系能否实现安全稳定目标的关键。

② 经济高效方面，能源生产成本降低和能源利用效率提升需同步发力，为未来经济社会发展提供技术经济可行的解决方案

从能源供应看，通过技术进步实现能源供应成本的降低是核心手段，当前预期可实现较大幅度提升或突破的技术中，风电、光伏、储能和CCUS是影响未来能源供应模式和消费特征的最主要技术领域，但由于技术发展的渐进性、突破性和颠覆性并存的特征，不同技术的发展路径及其前景存在诸多不确定性。主要表现在：一是风电、光伏成本的下降空间和速度，如何决定其与化石能源的比价关系；二是储能的发展形式、电化学储能的容量和充放电速度及安全性能实现怎样的进展和突破，进而影响可再生电力的规模上限和应用场景的拓展；三是为碳中和提供兜底保障的CCUS仍处于起步阶段，其不同技术路线、降本空间、规模潜力等如何发展。未来服务支撑经济社会发展的能源产业导向和能源系统模式，究竟是高比例可再生能源配以大容量低成本储能系统，还是保留较大规模化石能源并匹配相应规模的CCUS，抑或采用其他不同技术经济可行路径的解决方案，都将主要取决于技术进展情况。

从能源消费看，能源利用效率的提升空间整体缩小，并且将由以往的要素驱动向模式驱动转变。随着技术装备水平的长足发展和产业集约化水平的整体提升，我国的能源利用效率已取得巨大进步，未来能源利用效率的提升空间整体缩小。与此同时，能源利用效率水平提升的驱动力也将发生转变，以往技术进步、装备置换、产能整合等要素驱动作用趋于边际递减，而能源利用效率水平的挖掘提升，将转向能源梯级利用、集约利用、节能生活方式

等模式驱动为主。

③ 绿色低碳方面，国际社会共同应对气候变化的持续性和目标政策的连续性存在变数，坚持关键技术研发是应对各种变数的不变手段

应对气候变化仍充满政策力度和目标刚性的不确定性，绿色低碳的远期目标决定着能源转型的推进路径。从我国目标及政策看，国家已明确"二氧化碳排放力争于2030年前达到峰值，努力争取2060年前实现碳中和"的战略目标，预计在政策设计过程中将保持积极稳健，实现政策的系统性和连贯性。但国际社会的气候目标及政策环境可能会对我国能源转型产生不确定影响。从全球应对气候变化的历史来看，部分国家的政党轮替、贸易利益、地缘冲突等均会影响各国气候目标和政策的制定。上述因素仍将是未来全球应对气候变化过程中的重大变数，在百年未有之大变局之下，全球地缘政治局势、主要经济体国内政治形势、全球经济增长前景、国际贸易形势等面临着诸多较大不确定性，将对全球及我国的能源转型带来显著影响。

坚持重要绿色技术研发是应对政策变数甚至推动政策持续性和有效性的关键。政策的变数往往是面临能源供应安全稳定和经济高效问题瓶颈时的反复甚至倒退，应对政策方面的不确定性，最根本的仍是坚定不移推动重要绿色技术的研发，通过技术突破才能从根本上彻底破解转型进程中可能遇到的能源安全供应瓶颈和经济性瓶颈。要加大对风电、光伏、氢能、储能、CCUS、智能电网、干热岩发电、可控核聚变、大功率电驱动和电加热等技术装备的研发，来化解政策的变数，并根据不同技术进展程度，推动政策的落实、连贯、有效。

三　我国能源转型发展的路径选择

未来我国在经济社会发展、能源技术进步和目标政策推进等方面均存在一定的不确定要素，能源系统作为重要的基础支撑，需要根据发展形势的变化，调整构建符合要求的能源动态平衡三角。具体来看，未来我国能源转型可能存在三种情景（图3.1）。

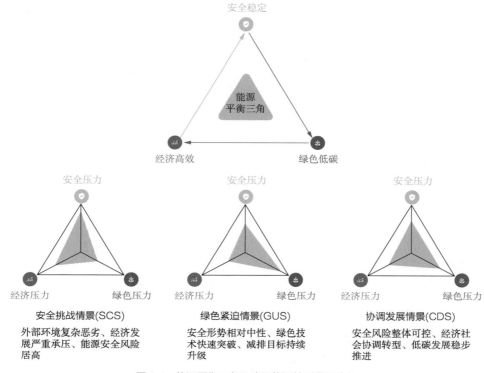

图 3.1　能源平衡三角及我国能源转型发展路径

安全挑战情景（SCS）——基于外部环境复杂恶劣、经济发展严重承压、能源安全风险居高的发展情景：经济增长承压、产业结构偏重、技术突破偏缓和国际应对气候变化合作不畅会使得未来能源供给的经济安全稳定问题相对突出。在此情况下，对能源经济高效和安全稳定将会保持更高要求，我国的能源转型路径选择将会更加注重保持经济社会发展的稳定。此情景下我国能源转型目标的实现面临较大压力，对于 CCUS 这一兜底保障技术的依赖较强。

绿色紧迫情景（GUS）——基于安全形势相对中性、绿色技术快速突破、减排目标持续升级的发展情景：产业结构升级并顺利实现由劳动密集型向知识和技术密集型产业、消费性服务业向生产性服务业的转变，各类低成本绿色低碳技术加快突破，国际应对气候变化合作顺畅且绿色目标不断升级，将会使得未来绿色低碳要求日益严格。在此情况下，对能源成本存在更大包容性，我国能源转型路径选择将更加注重能源系统的本质低碳。此情景下对于新技术、新突破有着较高要求。

协调发展情景（CDS）——基于安全风险整体可控、经济社会协调转型、低碳发展稳步推进的情景：稳妥有序、防范风险、先立后破是我国能源转型和推进碳达峰、碳中和目标的原则，在转型发展过程中将注重对发展和减排、整体和局部、短期和中长期关系的统筹，保持能源三角的动态平衡。在此情景下，能源安全稳定能够得到有力保障，绿色低碳挑战能够得到有效应对，能源系统能够实现经济高效和协调可持续转型，保障我国经济社会高质量可持续发展，既实现"能源的饭碗必须端在自己手里"，又贯彻"绿水青山就是金山银山"的发展理念。

我国未来能源转型发展中，协调发展情景将是能源三角动态调整中可能出现的大概率情景，也是本研究的推荐情景，后续论述均基于协调发展情景，三类情景的能源体系相关数据可见附表。

综上所述，能源系统建设和能源转型发展需要保持好安全稳定、经济高效、绿色低碳的三角动态平衡，以适应和服务于经济社会发展总体目标。整体来看，在三角平衡中，保障国家能源安全将始终处于首要考量的维度，以能源经济、高效、稳定供应支撑经济社会的稳定可持续发展，进而确保经济高效这一维度的目标实现。同时我国将积极履行大国责任，在前两个维度可靠的前提下，最大程度推进能源体系的绿色低碳转型。具体来看，未来我国能源转型发展在安全稳定方面要解决好化石能源供应风险增加和可再生能源剧烈波动问题，保障我国经济产业高质量转型升级；在经济高效方面要降低能源生产成本和提升能源利用效率，为经济社会发展提供技术经济可行的能源解决方案；在绿色低碳方面要保持国内转型政策及目标系统性、连贯性和坚持关键技术研发定力，积极稳健推进绿色发展，以能源体系的协调发展推动和服务经济社会高质量可持续发展（表3.1）。

表 3.1 我国能源转型发展情景

分类	指标	安全挑战情景（SCS）	协调发展情景（CDS）	绿色紧迫情景（GUS）
经济	经济总量	经济总量持续扩张，经济增速稳中放缓		三产比例快速提升，为控制能耗和碳排放，重工业产能大量减少，大力发展高端制造业，绿色产业崛起，工业产品出口规模显著降低
	产业结构	三产比例进一步增长，保持制造业总体稳定目标下，二产占比相对较高，二产仍保持相对较大规模	三产比例较快增长，保持制造业总体稳定目标下，二产仍保持相对较高比例，高端制造业排放得到控制，高端制造业占比显著提高，工业产品出口规模适当减少	
社会	人口总量	人口政策持续完善，人口总量"十四五"达峰，"十五五"开始缓慢下降		
	城镇化率	城镇化水平持续提升，提升速度逐步放缓		
技术	风电和光伏	成本下降幅度较大，但较化石能源的成本优势存在较晚到来，化石能源对经济增长发挥更长时期的支撑作用；新增装机所需国土空间受到一定限制，影响其发展速度	成本下降较快，与化石能源比价关系较快进入优势阶段，从而逐步加速对化石能源的替代；国土空间充足，所需的风光资源区能够与国土资源规划较好协调	成本下降速度快，以较快的节奏替代化石能源；风电光伏资源开发与国土资源规划、产业布局规划等形成很好的协调和良性互促
	储能	容量和充放电速度技术未及预期	储能容量较大，充放电速度较快，技术进展顺利	技术路线成熟快且多元化，成本下降快
	CCUS	对 CCUS 技术尤其是 CO_2 化学转化利用技术发展需求量大，形成大规模的 CCUS 产业市场，以中和大规模的 CO_2 排放	CCUS 技术较快发展，实现较大规模的 CO_2 封存和资源化利用，中和较大规模的实际排放	CCUS 规模有限或应用受限，严格的气候目标和政策倒逼经济体必须通过绝对量减排来实现碳中和
政策	国内政策	政策制定中性稳健，统筹考虑经济发展和绿色转型目标，政策设计体现系统性、层次性和连贯性		
	全球环境	全球动荡加剧，国际合作应对气候变化的努力存在较大曲折甚至反复，各国经济发展压力大，气候目标及相应政策效果减弱	全球局势发展相对稳定，经济在波动中逐步向好发展，国际社会逐步加强合作应对气候变化，气候目标及相应政策适当	全球局势发展稳定，经济总体保持持续向好态势，绿色发展压力不断加大，气候目标和相应政策不断升级

第四章

能源消费总量及碳排放

一 一次能源消费总量

① 我国的一次能源消费量总体呈先增后降趋势，预计在2035年左右达到60.3亿吨标煤的峰值

长期看，多种因素使得我国能源消费总量存在下降势能，一是经济增速调整和增长动力转换，有利于能源消费总量的控制；二是产业结构调整升级使得我国各产业的能源消费强度逐步下降，尤其是随着第二产业中的劳动密集型和能源密集型产业向知识和技术密集型产业转变，以及第三产业中的消费性服务业向生产性服务业的转变，均有利于能源消费强度的降低；三是技术的进步、节能意识的深入和消费习惯的转变，均有利于能源利用效率的提升。上述多种因素的叠加，将使得我国能源消费增速显著放缓，并在达峰后逐步进入下降通道。

一次能源消费总量呈先升后降趋势，2020年我国能源消费总量约50亿吨标煤，预计2035年左右达到峰值约60.31亿吨标煤，其中天然气、光伏、风电对能源消费总量的增长贡献较大，在增量中合计占比约91.0%，煤炭是这个时期内唯一出现消费量下降的能源品种。能源消费峰值保持约10~15年的高位平台期，至2040年时仍保持在近60亿吨标煤水平，之后缓慢下降。到2060年，我国能源消费总量降至约55.73亿吨标煤，其中化石能源较2020年减量约31.50亿吨标煤，风电、光伏成为对冲化石能源降幅的主要能源（图4.1，图4.2）。

能源消费强度将持续降低，预计2025年我国单位GDP能耗降至约0.42吨标煤/万元，较2020年降幅约13.6%；2030年单位GDP能耗约0.35吨标煤/万元，较2020年降幅约27.7%；2060年单位GDP能耗约0.15吨标煤/万元，较2020年降幅约69.1%（接近英国当前单位GDP能耗水平）。

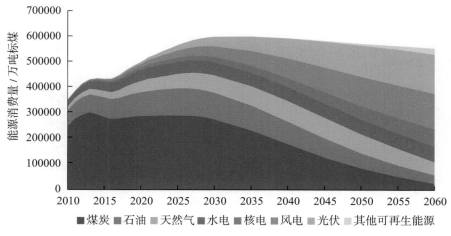

图 4.1　我国一次能源消费预测

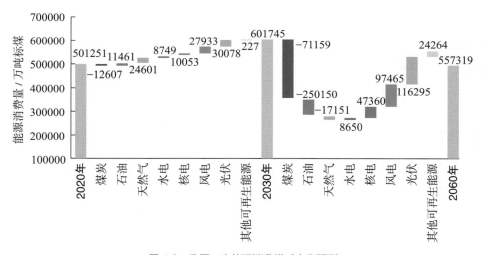

图 4.2　我国一次能源消费增减变化预测

② 我国人均能源消费将保持长期增长趋势，但将始终低于发达国家人均消费水平

尽管我国能源消费将于 2035 年左右达峰，但由于我国人口总量已基本达峰，且后期人口总量降速略快于能源消费降速，因而人均能源消费量仍将保持一定程度的增长。预计 2030 年人均能源消费量将增至 4.30 吨标煤 / 人，较 2020 年增幅21.9%；2060 年增至 4.91 吨标煤 / 人，较 2020 年增幅 39.2%，人均能源消费始终明显低于 OECD 国家 2020 年约 5.43 吨标煤 / 人的平均水平（图 4.3）。

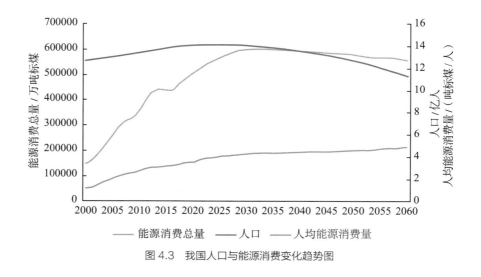

图4.3 我国人口与能源消费变化趋势图

二 碳排放

1 我国能源活动相关碳排放将于2030年前达到约99亿吨峰值，随后以约年均5.2%的幅度快速下降

剔除用于化工产品原料的能源消费情况下，2020年我国能源活动相关碳排放约为94.5亿吨，协调发展情景下，预计2030年前达到峰值约99亿吨，其中煤炭消费的下降对于碳排放达峰及峰值水平的控制具有决定性影响，原油消费量在2030年前由增转降的变化及更多转为原材料用途的化工用油，也将为碳排放的控制做出贡献；到2060年，预计我国能源活动相关碳排放降至约17亿吨，届时天然气消费产生的碳排放占比最大，约为45.8%。在考虑了化石能源发电加装CCUS因素之后，预计能源活动相关碳排放量将降至10亿吨以下。

能源消费碳排放强度则将呈现出持续下降趋势，将由2020年的约1.90吨二氧化碳/吨标煤降至2030年的约1.59吨二氧化碳/吨标煤和2060年的约0.30吨二氧化碳/吨标煤，2060年相对2020年降幅达84.1%（图4.4，图4.5）。

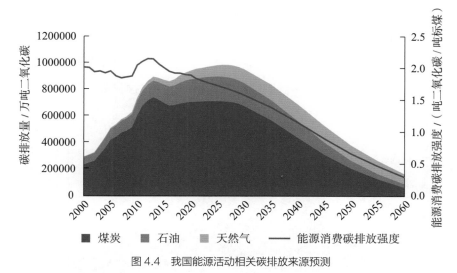

图 4.4　我国能源活动相关碳排放来源预测

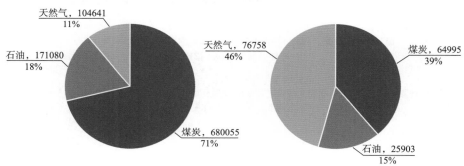

图 4.5　2030 年（左）及 2060 年（右）我国碳排放来源（单位：万吨）

② 交通部门将率先实现碳达峰，工业部门碳排放削减贡献最大

从各用能部门的碳排放看，由于电动汽车渗透率快速增长、燃油车能效稳步提升，交通部门将于"十四五"末期至"十五五"初期最早实现碳排放达峰；工业部门由于钢铁、水泥、石化化工等用能和碳排放大户的产业规模收缩，能源活动相关碳排放将于"十五五"时期达到峰值，之后快速下降；农林牧渔业和建筑部门由于用能设备较为分散，替代过程较为缓慢，碳排放达峰时间稍有滞后，总体预计 2030 年前可达到排放峰值。

2020 年至 2060 年，工业部门贡献的碳排放压减量占总压减量的约 57.6%；其次是建筑部门，占比约 14.3%。随着各部门排放强度下降和产业增加值的总体增长，我国单位 GDP 排放强度呈持续下降趋势，在 2020 年约 0.93 吨二氧化碳/万元水平的基础上，2025年将降至0.73吨二氧化碳/万元，降幅约21.0%；2030年将降至0.56吨二氧化碳/万元，较2020年降幅约39.5%，较2005年降幅约66.3%；2060年降至0.05吨二氧化碳/万元，较2020年降幅达95.1%，最终实现绿色的经济增长模式和低碳的生产生活方式（图4.6）。

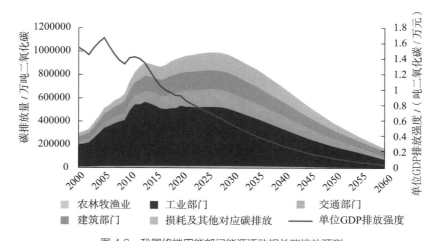

图 4.6　我国终端用能部门能源活动相关碳排放预测
注：损耗及其他对应碳排放主要指能源传输过程中的损失及其他少量未纳入四大终端用能部门的细分行业用能产生的碳排放，下文涉及此名词时概念相同。

5

一次能源消费结构

一 能源消费结构总体特征

随着能源转型的持续推进和"双碳"目标的落实，我国的能源消费结构将出现显著调整，主要表现为三个特点，一是煤炭和原油消费占比梯次下降，二是天然气消费占比先增后减，三是非化石能源消费占比快速提升。具体来看，2025年我国一次能源消费结构中，煤炭占比51.3%、石油占比18.7%、天然气占比10.1%、非化石能源占比19.9%；2030年煤炭占比46.0%、石油占比17.3%、天然气占比11.5%、非化石能源占比25.2%；2060年煤炭占比4.7%、石油占比5.9%、天然气占比9.3%、非化石能源占比80.0%（图5.1）。基本可实现"1+N"政策体系中明确的2025年非化石能源占比约20%、2030年占比约25%、2060年达到80%以上的目标。

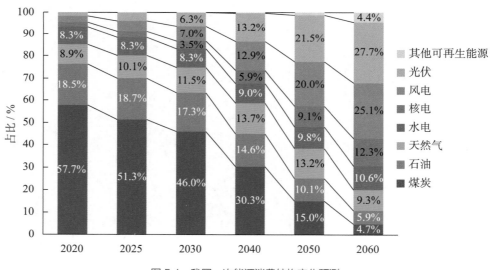

图5.1 我国一次能源消费结构变化预测

二 煤炭

目前，煤炭是我国一次能源消费中占比最大的品种。2020年，我国煤炭消费总量约40.48亿吨，占一次能源消费的57.7%。煤炭的主要下游消费行业有电力、钢铁、石化化工、建材等，这四大行业的煤炭消费占比超过80%。电力是耗煤的主力行业，目前我国电力结构仍以煤电为主，2020年煤电占比为64.6%。钢铁是耗煤的第二大行业，煤炭主要用作生产炼铁还原剂的焦炭，以及用作还原剂的喷吹煤和用作燃料的动力煤。石化化工是耗煤的第三大行业，煤炭既是煤化工和炼化行业制氢等的原料，也是生产用热的主要燃料。建材是耗煤的第四大行业，其中水泥是耗煤的主力，煤炭主要作为燃料用于煅烧石灰石等。

未来，煤炭将持续发挥我国能源消费"压舱石"的作用，但在能源消费结构中的比例将大幅降低。近中期，煤炭既为保障经济发展和民生需求继续发挥主体能源作用，又为风电和光伏发电等新能源加速扩大规模、新型能源体系逐步构建完善的能源转型接替期提供支持和托底。这期间，煤炭消费将处于峰值平台期，"十四五"期间略有增长，"十五五"开始下降。中长期，煤炭将逐步从主体能源转变为支撑能源，风电、光伏发电在能源体系中的地位将逐渐与煤炭相当。这期间，煤炭消费将快速下行，在下游产品需求缩小、能效提升等因素的作用下，电力、钢铁、石化化工、建材等主要耗煤领域用煤均将下降。远期，煤炭将转变为托底能源，保障能源体系安全和工业生产运行。这期间，煤炭消费保持在低位，为保障新型电力系统运行安全发挥兜底作用，在作为原料生产化工品和作为工业生产高热燃料等领域发挥补充作用。

具体来看，未来煤炭消费总量将经历达峰、平台、快速下降和深度压减四个阶段。目前到2025年为"达峰期"，煤炭消费仍有一定增长，将在2024年左右达到峰值，约40.83亿吨。2025年到2030年为"平台期"，消费缓慢下降，到2030年降至38.72亿吨，这期间年均降速约1.0%。2030年至2050年为快速下降期，消费量年均降速将达5.7%，年均压减量达1.33亿吨，2050年降至12.04亿吨。2050年至2060年为深度压减期，存量煤炭为被替代难度较大的部分，如电力系统安全保障必需的煤电、冶金生产所需还原剂、建材生产所需高热燃料、部分化工品制造所需原料等，煤炭消费年均压减量约8340万吨，到2060年，煤炭消费仍有3.70亿吨左右（图5.2）。

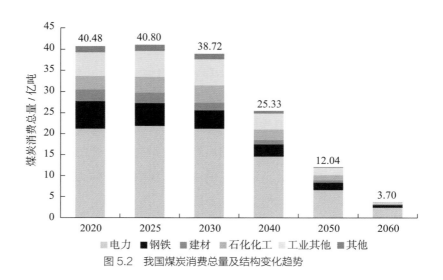

图 5.2　我国煤炭消费总量及结构变化趋势

1 达峰期（2020～2025年）：控制新增煤电装机，使煤炭消费小幅增长后尽快实现达峰

从目前到2025年，煤炭消费量变化的特点是先缓增再下行。预计将在2024年左右达到峰值40.83亿吨，到2025年略降至40.80亿吨，在一次能源消费占比降至51.3%。由于我国电气化尚在推进、用电量仍在增长，"十四五"期间还有1亿千瓦左右的在建和核准未建煤电机组，因此燃煤发电量仍将有所增长。但由于燃煤机组的汰旧上新、发电煤耗的持续降低，电力行业耗煤总量将在2025年左右达峰，2025年发电耗煤约21.73亿吨，比2020年增长约6700万吨。由于我国粗钢需求在 2020 年左右已经达峰，钢铁行业总体规模逐步收缩，粗钢产量随之下降，此外对废钢资源的进一步利用将增大全废钢电弧炉短流程炼钢（以下简称电炉钢）的规模，这都将降低焦炭和动力煤的使用，钢铁行业耗煤将逐步下降，2025年耗煤（含焦炭，下同）约5.43亿吨，比2020年下降约1.12亿吨。由于我国甲醇、乙二醇、化肥等产品需求仍有增长，以及鉴于我国资源禀赋特点，煤化工的战略意义将持续存在，近期煤化工产能和产量仍将增长，原料耗煤量持续增加。此外，由于我国化工用油、交通用油仍在增长，炼化行业规模持续扩大，用能也将继续增长，因此石化化工行业耗煤将继续上升，2025年耗煤约3.70亿吨，比2020年增长约5250万吨。随着城镇化步伐的放缓，我国水泥需求预计在2025年前达峰，加之产能的先进化和集中

化，以及废弃物等燃料加速替代煤炭等一系列措施，将降低水泥行业的煤耗；玻璃、陶瓷等行业将继续推进"煤改气"，煤耗也将稳步下降。2025年建材耗煤约2.38亿吨，比2020年下降约2890万吨（图5.3）。

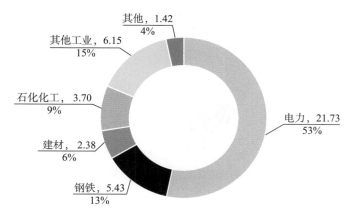

图5.3　2025年我国煤炭消费结构（单位：亿吨）

② 平台期（2025～2030年）：发电用煤逐步走低，工业用煤稳中有降，煤炭消费缓慢下降

2025～2030年，煤炭消费变化的特点是缓慢下降。到2030年，煤炭消费量约38.72亿吨，在一次能源消费中占比降至46.0%左右。发电行业耗煤量开始下行，一方面，新增煤电机组被严格控制、煤电效率持续提升，另一方面，风电和光伏发电新增装机大量投用，挤占燃煤发电出力。煤电总量稳中有降，到2030年，煤电占总发电量比重降至47.5%左右，发电耗煤约21.09亿吨，非化石能源发电量占比首次赶上并略超煤电，达到47.9%。钢铁行业耗煤量持续下降，城镇化速度放缓并持续提质带动粗钢需求减少，废钢资源量积累、电炉钢生产规模持续提升，使得炼钢焦炭用量明显下降，2030年钢铁耗煤约4.36亿吨。石化化工行业耗煤量预计在2030年左右达峰，约4.02亿吨，在下游甲醇、乙二醇、化肥等产品需求增长的拉动下，煤化工行业耗煤仍有上升。由于我国石油需求在2026年左右达峰后进入平台期，石油化工行业规模也处于相对稳定的状态，耗煤稳中有降。建材行业耗煤量同样持续下降，除了水泥需求下降外，废弃物、城市垃圾等替代燃料与水泥窑协同加热工艺的显著发展加速了水泥生产用煤的减少，到2030年，建材行业耗煤约

51

1.79亿吨（图5.4）。

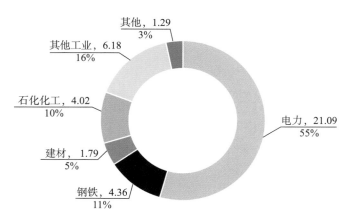

图 5.4　2030 年我国煤炭消费结构（单位：亿吨）

3 快速下降期（2030～2050年）：发电用煤大规模退出，工业用煤替代加速，煤炭消费显著降低

2030～2050年，煤炭消费变化的特点是快速下降。到2050年消费量约12.04亿吨，在一次能源消费中的占比约15.0%。发电耗煤量快速下降，风电和光伏发电装机保持高速增长、储能应用规模大幅增加，水电、核电和气电也在稳步增长，加之燃煤机组开始加速关停，燃煤发电在我国电力结构中加快退出。到2050年，煤电（含加装CCS的煤电）占总发电量比例降至约10.9%，届时发电耗煤约6.57亿吨，只有2025年峰值的30%。钢铁行业耗煤持续下降，一方面，粗钢需求继续下行、废钢利用加速扩大，工艺流程和用能结构进一步优化调整；另一方面，氢冶金实现从示范到规模化应用，作为还原剂的焦炭进一步被氢替代，到2050年，钢铁行业耗煤约1.81亿吨，是2020年的28%。石化化工行业耗煤量加快减少，随着燃油车被快速替代、化肥使用更加集约，以及我国人口总数下行和人口老龄化导致的化工消费品需求缩减，石油化工生产规模显著减小、用煤量随之下降，此外生产工艺革新、绿氢替代煤制合成气等原料更替使得煤化工单位产品煤耗加速降低，煤化工原料、燃料用煤也同样下降，到2050年，石化化工行业耗煤约1.26亿吨，约为2030年峰值的30%。建材行业耗煤量快速下降，水泥需求减少是首要因素，水泥产能汰旧上新、废弃物等燃料对煤炭替代比例的持

续扩大等因素同样发挥了重要作用，氢能技术与应用的突破也将进一步减少煤耗，在玻璃等其他建材生产中的天然气替代、氢能替代也进一步降低了建材行业煤耗，到2050年，建材行业耗煤约5390万吨，为2020年的20.1%（图5.5）。

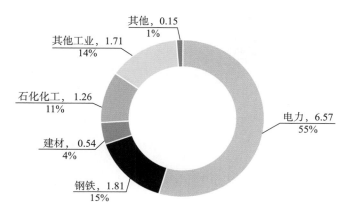

其他，0.15 1%
其他工业，1.71 14%
石化化工，1.26 11%
建材，0.54 4%
钢铁，1.81 15%
电力，6.57 55%

图 5.5 2050 年我国煤炭消费结构（单位：亿吨）

④ 深度压减期（2050～2060年）：煤电仅存安全保障需求，工业用煤仅存极难替代需求，煤炭退居能源体系补充地位

2050～2060年，煤炭消费的变化特点是降幅减小、总量趋于稳定。到2060年，煤炭消费量约3.70亿吨，在一次能源消费中的占比约4.7%。发电耗煤进一步下降，煤电机组作为电力系统的安全保障电源之一，仍有保留，到2060年，煤电（主要是加装CCS的煤电）占比仅为3.5%左右，发电耗煤约2.40亿吨。钢铁行业深度降低煤炭消耗，粗钢需求进一步下降，且随着电炉钢、氢直接还原铁等工艺的发展，高炉炼钢占比只剩约15%，焦炭大幅减少，2060年钢铁行业耗煤约6030万吨。石化化工行业煤耗几乎只剩必需的原料需求，石油化工和煤化工生产所需的燃料用煤将基本被电力、氢能等能源替代，仅存部分化肥、化工品所必需的原料用煤，2060年石化化工行业耗煤约2230万吨。建材行业也将实现煤炭消耗的进一步压减，到2060年，燃料用煤炭大部分被生物质、废弃物、氢能所替代，行业耗煤仅保留用于部分需极高温的生产环节以及低成本产品的生产，届时建材行业耗煤约1180万吨（图5.6）。

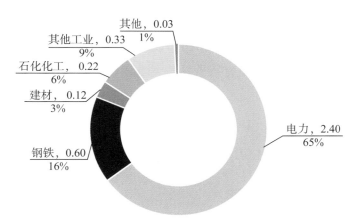

图 5.6　2060 年我国煤炭消费结构（单位：亿吨）

三　石油

石油是我国的第二大能源品种，作为基础性能源之一，为满足国民经济增长和人民生活需要起到了重要作用。2020 年我国石油消费约 7 亿吨，在我国一次能源消费结构中占比约 18.5%。石油主要用于交通、石化、工业、建筑以及民用领域等，其中以交通和石化为主，2020 年二者分别占石油消费的 52.2% 和 20.0%。随着交通领域逐步电气化以及石油化工下游产业规模扩张，石油的燃料属性逐步减弱、原料属性需求不断加大，交通和石化占比呈现此消彼长的趋势。工业是石油的第三大应用领域，2020 年消费占比达 10.9% 左右，主要用于工矿企业、发电以及其他燃烧用油（不含化工用油），2005 年之后，由于发电及工矿企业用油被天然气大量替代，需求量逐年下降。建筑用油占石油消费的 4.7% 左右，随着基础设施建设及房地产业发展，建筑用油需求量逐渐增加，但占石油消费比重保持相对稳定。受农机电气化替代，农业用油总量相对平稳，占石油消费比重不断下降，2020 年占比仅为 2.6%。

中长期看，石油将从重要的交通燃料向必不可少的石化原材料转化，在我国一次能源中长期保持重要地位。石油作为原料，生产的乙烯和对二甲苯下游产品涉及居民生产生活方方面面。同时，石化高端新材料在新能源产业发展中起到了关键作用，如太阳能光伏中运用最广、用量最大的封装用胶膜、背板膜，涉及 EVA（乙烯－醋酸乙烯共聚物）、POE（聚乙烯－辛烯共聚弹性体）、PET（聚对苯二甲酸乙二醇酯）等多种材料；风机叶片中涉及碳纤维和环氧树脂等多种高端材料。此外，在建筑节能和光伏发电建筑等节能环保领域，高端新材料也发挥了重要作用。

具体来看，未来石油消费总量将经历达峰、平台和稳步下降三个阶段。当前到2026年前后为"达峰期"，石油消费峰值约7.96亿吨。2026年到2035年为"平台期"，石油消费保持在7亿吨以上，年均小幅降低1.0%。2035年至2060年为快速下降期，石油消费量年均降速4.5%左右。由于石化和航空煤油等领域较难完全实现去油化，因此2060年石油仍有2.32亿吨左右的需求量（图5.7）。

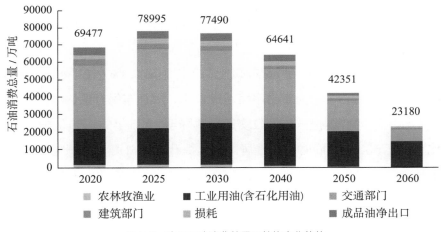

图 5.7　我国石油消费总量及结构变化趋势

📍 **① 达峰期（2020～2026年）：通过交通领域效率提升实现尽早达峰**

我国石油消费已经由高速增长转为中低速增长，消费特征由燃料为主转为"燃料＋原料"。2020～2026年我国石油消费仍处于增长期，年均增长2.3%左右。预计2026年前后，石油需求达到7.96亿吨左右峰值，占一次能源比重保持在18.5%左右。该时期，我国宏观经济仍处于中高速增长期，城镇化和工业化进程尚未结束，对化石能源需求保持增长。从下游产业来看，截至2021年我国千人汽车保有量仅167辆，未来仍有很大提升潜力。但是传统燃油车自身节油以及新能源汽车的发展逐步削弱了汽车工业发展对石油的依赖，新能源汽车渗透率已处于较高水平并仍在快速增长。预期以道路交通为主的交通用油在该阶段基本饱和，整体增幅有限，峰值约为4.51亿吨。而随着汽车电动化大势的完全确立，加之碳排放和化石能源消费政策逐步收紧，"油转化"成为国内传统炼化企业转型升级的重要路径。"十四五"期间，以乙烯、对二甲苯为代表的大量石化装置即将投产，乙烯和对二甲苯合计新增产能5000万吨/年以上，超过过去十年增量之和，相应拉动化工用油需求由近1.4亿吨飚增至约2亿吨。该时期节油措施主要依赖车辆燃油经济性提高，节油贡献率达50%。新能源汽车处于快速普及阶段，渗透率由2020年的5.1%提升至2025年28.3%以上，对节油贡献率15%左右。而天然气和燃料乙醇等替代对节油贡献率在35%左右。

② 峰值平台期（2026～2035年）：交通用油下降以及化工用油增速放缓双拐点期

该时期，石油需求保持在7亿吨以上，年均下降1.0%左右。从交通领域来看，2030年新能源汽车销量渗透率将超过50%，燃油车保有量达峰。加之传统燃油车燃油经济性持续提升，导致交通用油降至2035年的3.66亿吨，占石油消费比重降至50.4%。同时，随着居民收入提升，对日用、电子电器、纺织品服装等消耗品的物质需求保持增长，从而拉动制造业和石化业发展。石化用油增加至2.28亿吨，占石油消费比重提高至31.5%，但是随着中国人均GDP进入发达国家水平行列，消费增速逐步放缓。

③ 稳步下降期（2035～2060年）：电动化和再生技术共同推动实现碳中和

2060年石油需求下降至2.32亿吨左右。从交通领域来看，乘用车持续电动化，预计2050年前后新增车辆几乎全部为新能源汽车。而商用车由于使用场景更加多样化，将呈现多路线发展特征，以电动汽车和氢燃料电池车为主，同时也存在少量燃油车和天然气汽车。该时期，数字化、网联化的智慧道路交通能源体系基本完成，道路交通用油几乎全部转为电力和氢能，交通出行效率和能源利用效率获得极大提高。由于电能和氢能较难替代航空用油，届时近一半航空用油或被生物燃料替代。2060年交通用油降至6960万吨左右。除了交通用油，该时期化工节油同样起到关键作用。通过大幅提高塑料、橡胶等石化产品的循环再生率，以及推广二氧化碳制化工原料技术，预计化工用油可减少至1.46亿吨左右。农业、工业及建筑用油大规模被电力和生物柴油替代。绿电、绿氢将大规模替代全社会用化石能源。

四　天然气

近年我国天然气消费快速增长，是增速最快的化石能源。2020年，我国天然气消费总量约3340亿立方米，占一次能源消费的8.9%。为保障研究体系的一致性，本研究中天然气消费分为发电、工业、建筑、交通、农林牧渔五个部门，其中发电包括纯气电、天然气热电联产和天然气分布式中的发电部分；工业用气包括供建材、机电、轻纺、石化、冶金等用作燃料或提供蒸汽、热水的用气，以及以天然气为原料的化工用气（包括生产合成氨、甲醇、氢气等）；建筑用气主要包括城乡居民生活、商业及公共服务设施、采暖等用气；交通用气包括车辆用气、船舶用气等；农林牧渔业用气较少。

未来天然气将利用其在多个方面的比较优势，发挥"桥梁能源"的关键作用。天然气作为高碳排放燃料的替代品具有供应稳定、技术成熟的优势，同时也对仍在开发中的各类非化石能源和储能技术起到良好的支撑补位作用，是当前可以平衡能源系统转换对供应稳定性要求高的最佳能源品种，发挥"桥梁能源"的作用获得了更广泛共识。在发电领域，燃气发电单机规模小、启停时间短、负荷响应快、调峰范围广，特别适合建设在负荷中心就地平衡供需，比经过灵活性改造的燃煤机组更能适应短时高频调峰需求。在城市燃气等领域，"气代煤""气代油"可以解决散煤燃烧和车船尾气排放带来的污染问题，改善城乡居民生活环境。在工业领域，天然气能够帮助化解我国当前以煤为主的电力结构下推进工业电气化与绿色低碳发展进程中的碳排矛盾。当然，我国天然气发展不可回避经济性和对外依存度两大问题，尽管大干快上推广天然气使用不具有现实可行性，但由于天然气具有独特的比较优势，仍有较大的发展空间。

具体来看，未来天然气消费总量将经历稳健增长、"碳达峰"发力、稳步达峰和平稳下降四个阶段。目前到2025年为稳健增长期，天然气消费持续增长，但高气价拖累了部分行业、部分企业的用气进程，期末消费量将达到约4300亿立方米，占一次能源消费的10.1%，年均增速5.2%。2025～2030年为"碳达峰"发力期，此前受到高气价拖累的行业和企业将面临更加严格的碳排约束，天然气消费增长同时包含了这一时期的自然增长及对上一阶段的"补偿性"增长，期末消费量将达到约5190亿立方米，占一次能源消费的11.5%，年均增速3.8%。2030～2040年为稳步达峰期，天然气总体持续增长，但在部分行业开始被电力和氢能替代，天然气峰值量约6155亿立方米，占一次能源消费的13.7%，年均增速1.7%。2040年到2060年为平稳下降期，人口老龄化趋势使城镇人口负增长，用气人口开始逐渐减少，加上应用电或氢能取代天然气的领域进一步扩大、燃气发电承担的调峰作用更加短时，天然气完成"桥梁能源"使命、消费平稳下降，到2060年消费约3900亿立方米，占一次能源的约9.3%（图5.8）。

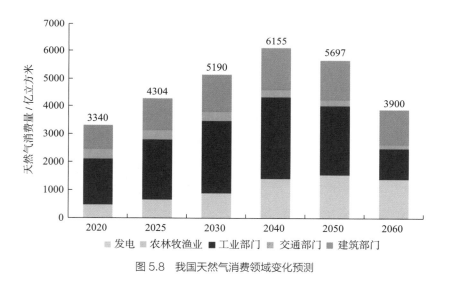

图5.8 我国天然气消费领域变化预测

1 稳健增长期（2020～2025年）：克服高气价等不利影响，促进减污降碳及稳定电力供应

目前我国多个工业行业，如酿酒、造纸、钢铁、玻璃、水泥、陶瓷等，煤炭消费仍大幅超过天然气消费，粗略估计主要制造业部门尚有终端燃煤3亿吨，小

型燃煤锅炉等燃煤 5 亿吨，居民生活用煤 5000 多万吨。各地政府正在推动能耗双控向碳排放总量和强度双控转变，有利于吸引地方政府和企业通过增加天然气消费置换出更多的能源消费空间。随着可再生电力规模的扩大以及冬夏两季用电峰谷差拉大，需要相应增加调峰电源以稳定电力供给，同时还有部分地区严格控制煤电发展，将发展气电作为满足电力需求增长的主要方式之一。但是"十四五"时期，中央经济工作会议提出的"立足以煤为主的基本国情，抓好煤炭清洁高效利用，增加新能源消纳能力，推动煤炭和新能源优化组合"等新要求以及天然气价格史无前例飙升，不可避免地对天然气发展规模产生一定影响。长期以来，我国天然气行业的大发展离不开政策对消费的支持和引导，以及对污染物排放的治理和限制。2021 年下半年以来，天然气价格持续高位的同时煤炭供应量显著增加，煤电不仅挤压燃气发电出力，煤炭对天然气在终端用能中的反向替代甚至也见增加，但受各地减污降碳压力和民生用气稳价、稳增长要求影响，反向替代不会大面积发生，预计该时期天然气需求年均增长约 5.2%。工业用气和发电用气克服高气价影响，以发挥比较优势为先、稳定增长，其中工业用气主要由煤炭减量替代拉动；发电用气主要由新建燃气发电和天然气分布式项目拉动，新增装机超过 3000 万千瓦。建筑用气稳定新增约 280 亿立方米，主要由用气人口增加和保民生用气（期末用气人口预期超过 6.1 亿），以及公共服务、集中供热规模扩大和能源替代拉动。天然气车辆销售及运营受高气价冲击严重，交通用气量暂时下滑（图 5.9）。

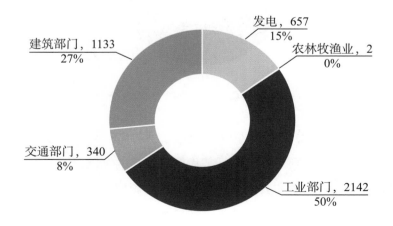

图 5.9　2025 年我国天然气消费结构（单位：亿立方米）

2 "碳达峰"发力期（2025~2030年）：兼顾能源消费增长与碳减排

"十四五"期间我国将"用好以煤为主的能源资源禀赋"作为能源保供的重要抓手，叠加高气价对天然气终端需求的抑制作用，"十五五"时期碳减排压力有所增加。以2020年我国能源消费总量和消费结构测算，假设改为控制碳排放总量不变，煤炭消费每下降一个百分点，可通过多增加天然气消费260亿立方米释放出3460万吨标煤的能源消费总量。因此，天然气完全可以作为2030年前稳定能源消费增长并降低碳排放的重要依靠，预计该时期天然气需求年均增长约3.8%。工业领域在该阶段早期天然气替代散煤较快，后期接近目标而自然放缓。燃气发电机组继续替代部分退役燃煤机组，以及在负荷中心或可再生发电装机较多地区新建，值得一提的是，该时期内配套CCS的燃气发电机组开始出现。建筑部门持续普及天然气利用，期末用气人口预期达到7.3亿，公共服务设施新增用能需求更多使用电力而逐步达峰。小型车辆和LNG重卡受到电动车、氢能车等竞争冲击，经济性改善对交通用气起到的提振作用有限，交通用气小幅回升后逐步达峰（图5.10）。

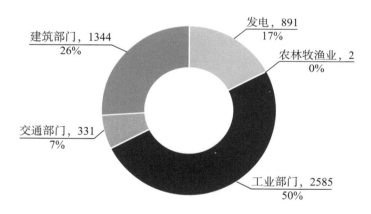

图5.10　2030年我国天然气消费结构（单位：亿立方米）

3 稳步达峰期（2030~2040年）：替代主力作用逐步被电力和氢能等取代

此前轻工业、设备制造等天然气替代相对容易的领域已完成替代，工业用气需求主要依靠行业发展和其他替代相对困难的领域。同时，随着储能成本持续降低，新型电力系统更具规模性，工业新增产能将以用电为主，天然气替代逐步让渡于电能替代，工业用气需求在2040年左右进入增长平台期。人口规模下降和城镇化进程放缓，城镇人口进入增长平台期，尽管用气人口仍有所增长，但生活习惯改变也造成人均用气量下滑，建筑用气逐步达峰。当间歇性可再生能源占比超过25%后，除了需求侧管理和储能技术以外，对常规电厂灵活运行的要求越来越高，带动发电用气加快增长，但以配套CCS的项目为主。2030年之后燃料电池汽车可能突破，LNG重卡将受到显著影响，开始缓慢减少。预计该时期天然气需求年均增长1.7%，其中发电用气增长最显著，其次是建筑部门（图5.11）。

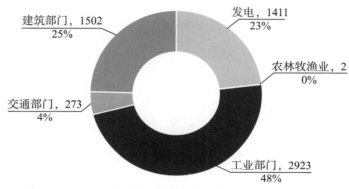

图 5.11　2040 年我国天然气消费结构（单位：亿立方米）

④ 平稳下降期（2040～2060年）：社会用能需求达峰且被电力和氢能进一步替代

随着电气化发展以及氢能成本的下降，天然气发展空间被逐步挤压，天然气需求渡过平台期开始下降。用作普通工业燃料的部分逐步被电替代，高温加热、还原剂部分被氢替代，直至最终几乎用作普通工业燃料的部分接近完全替代，只剩高温加热、作还原剂、制氢等用途的部分。城镇人口下降、人口结构变化和生活习惯持续改变带动建筑用能下降，用作炊事、制备热水或取暖的天然气也逐步被电替代，热源需求减少的同时燃气供热对燃煤机组退役的补充需求也减少，核电和工业等余热以及地热规模更大，建筑用气开始下降。间歇性可再生能源占比达到50%左右，满足100%电力需求的时刻越来越多，燃气发电常规运行和非紧急长时调峰运行减少，尽管受紧急短时调峰需求增加带动，燃气发电装机还将有所增长，但装机利用率不断下降，发电用气稳步降低。预计该时期天然气需求年均下降2.3%，其中工业用气下降的贡献率接近四成，其次是发电和建筑部门（图5.12）。

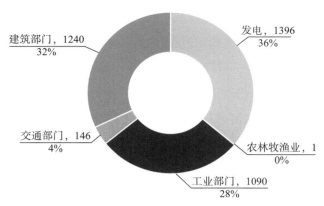

图 5.12 2060 年我国天然气消费结构（单位：亿立方米）

五 非化石能源

近年来，我国非化石能源实现了飞跃式发展，已成为能源系统增量主体，在电力装机中占比接近一半。水电在非化石能源发电中占据主导地位，光伏和风电成为发电装机增长主力，核电和其他非化石能源也在多元推进。截至 2020 年底，我国水电装机 37016 万千瓦、风电装机 28153 万千瓦、光伏装机 25343 万千瓦，均连续多年居全球首位。非化石能源将成为我国主导能源，在发电装机和发电量中的占比逐渐提高，至 2060 年，占比分别达到约 89.0% 和 91.0%。近中期，非化石能源是能源增量供给的主体。光伏和风电等加速扩大规模，"新能源＋储能"的新型电力系统逐步构建。中长期，非化石能源将由增量主体转为存量和增量双主体。随着新型能源体系构建完善，非化石能源发电量和装机占比超越化石能源，受替代空间减小等影响，非化石能源发电装机和增速放缓。远期，非化石能源成为主导能源。水电发展稳定，光伏和风电成为第一、第二大能源，核电取得跨越式发展，成为新型电力系统中的重要组成部分。具体来看，非化石能源将经历初期扩张期（2020~2030 年）、快速成长期（2030~2045 年）和多元化发展期（2045~2060 年）。非化石能源发电量将从 2020 年的 24493 亿千瓦时增至 2060 年的约 159250 亿千瓦时，增长幅度超过 5 倍，取代绝大部分现有的化石能源发电。

初期扩张期（2020~2030年）：各能源品种的发展水平参差不齐，水电在非化石能源发电中占据主导地位。2020年，我国电力装机和发电量均以化石能源为主，非化石能源发电装机95541万千瓦，占总装机的43.4%，发电量占比不足三分之一，且以水电为主。在"双碳"系列政策的推动下，叠加技术进步、成本降低和规模效应等因素，光伏和风电装机将迅速增长，支撑非化石能源发电装机在2025年达到约162420万千瓦，超过化石能源发电装机。至2030年，非化石能源装机将接近228710万千瓦，占总装机比例达到约60.6%。但由于光伏和风电利用小时数相对较低，且电网消纳能力有限，此阶段光伏和风电的快速增长对发电量的贡献较小，水电仍是非化石能源发电量的主要贡献者。2030年，非化石能源发电量约51480亿千瓦时，占我国总发电量的47.9%。由于政策和技术等因素限制，此阶段核电和其他非化石能源发电装机和发电量均处于较低水平。

快速成长期（2030~2045年）：除水电外的其他非化石能源快速发展，风电、光伏成为装机和发电量增长的主力。非化石能源发电经历前期的扩张后，此阶段在发电装机和发电量等方面全方位超过火电，成为最主要的电力生产来源。2035年，非化石能源发电量达到约67400亿千瓦时，超过总发电量的一半。由于布局空间减少和成本下降空间有限，常规水电对非化石能源发电的贡献逐渐减小，但随着其他非化石能源的大规模发展，抽水蓄能成为保障电力系统安全稳定运行的重要支撑。得益于本身技术发展以及电网消纳能力的增加，光伏和风电的发电量将赶超水电，由前一阶段的主要装机贡献者，逐渐向装机和发电量"双主要贡献者"转变。核电出力稳定性强，成为促进新型电力系统稳定的重要补充能源。预计到2035年，光伏和风电的发电量都将超过水电成为非化石能源发电的主力。其中，风电成为第一大非化石能源；光伏装机虽然在2035年就已超过非化石能源装机的一半，远高于其他品种，但是由于光伏利用小时数最低，直至2040年前，对发电量的贡献仍低于风电。预计2045年，非化石能源累计装机将达到约490510万千瓦，占我国发电总装机的79.6%；非化石能源发电量将占我国发电总量的四分之三，达到约106700亿千瓦时。

多元化发展期（2045~2060年）：各种非化石能源发展趋于稳定，在电力系统中均占据一席之地，光伏成为第一大电源。随着能源转型不断推进，此阶段化石能源发电走向衰退，在电力系统中起到兜底作用，非化石能源在电力行业占据绝对主导地位，发电量占比从2045年的75.1%增至2060年的91.0%，但随着非化石能源替代化石能源的空间逐渐减小，非化石能源增速也逐渐放缓。水电仍然处于较为稳定的水平，但由于其他电源的快速发展，致使水电装机和发电量占比都不断下降，发电量占比由2020年的17.8%降至2060年的12.0%。光伏发电量超过风电，成为第一大电源，且由于其发电小时数低，光伏装机将远高于其他非化石能源。由于布局空间减小等因素，风电装机增速逐渐放缓，装机占比降至不足光伏的一半，但发电量占比仅略低于光伏的31.5%，占总发电量的28.5%，届时成为我国的第二大电源。由于各项技术的突破，核电凭借其发电小时数高和稳定高效等优势，装机和发电量不断增长，将在电力系统中发挥重要作用。其他非化石能源也将快速发展，发电量占比达到总发电量的约5.0%。预计到2060年，非化石能源累计装机达到约671300万千瓦，占我国发电总装机的89.0%；非化石能源发电量达到约159250亿千瓦时，占我国总发电量的91.0%（图5.13，图5.14）。

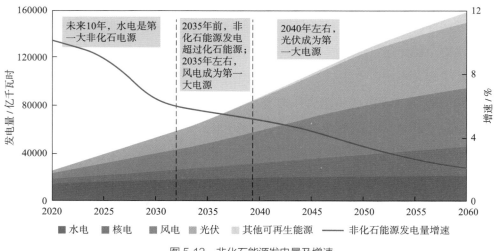

图5.13 非化石能源发电量及增速

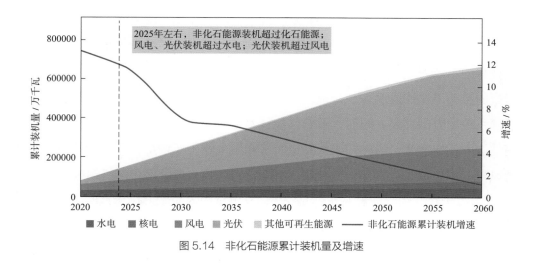

图 5.14 非化石能源累计装机量及增速

① 光伏：得益于自身技术进步、政策推动以及电网消纳能力提高，发电量不断增长，2045年以后成为我国第一大电源

2006年，我国《可再生能源法》施行后，光伏行业得到政策支持，同时利用国外先进技术和国际市场，迅速形成规模。随后经历了快速发展、行业调整等阶段，目前正处于加速部署阶段。未来，光伏发电将呈现集中式与分布式并举特征，分布式光伏的快速发展，将不断拓宽其应用场景，并成为实现新型电力系统平稳运行的重要补充力量。2020~2060年，随着光伏发电各项技术进步、系统效率提升、成本降低以及电网消纳能力提升，光伏将经历加速部署和全面发展两个阶段。

加速部署阶段（2020~2040年）：政策支持、技术进步和电网消纳能力提升共同推动光伏发电快速发展，光伏装机迅速增长。当前我国的光伏装机以集中式为主、分布式为辅，截至2021年，集中式光伏装机近2亿千瓦，分布式光伏装机约1亿千瓦。分布式光伏尚处于起步阶段，但其增速快于集中式。分布式光伏的载体众多，随着相关政策、法规和标准逐步完善，将充分释放发展潜力，未来集中式与分布式并举的发展趋势将更加明显。此阶段，在分布式光伏迅速发展、光伏和储能技术不断创新、成本持续下降等因素共同推动下，累计装机增速维持在6.7%以上。至2040年，我国光伏发电累计装机约222290万千瓦，在非化石能源装机中占比超过一半，成为最大装机类型。受制于光伏较低的发电小时数，2040年，光伏发电量约27600亿千瓦时，占比与风电相当。

全面发展阶段（2040~2060年）：光伏成为我国第一大电源，集中式和分布式并举，分布式光伏成为大机组、大电网的有效补充。随着光伏发电和互联网技术的不断发展，分布式光伏凭借其清洁、高效、就地平衡等优势，在多重因素的推动下快速发展，与分散式风电共同推动电力系统向多能源互补、综合能源系统的方向发展。同时，随着储能技术突破和特高压建设不断推进，电网消纳能力不断增强，集中式光伏发电装机和发电量不断增加，助推光伏先后超越风电、煤电成为我国第一大电源。预计2060年，光伏累计装机规模达到约397730万千瓦，占全国总装机的52.8%；发电量约为55130亿千瓦时，占全国总发电量的31.5%（图5.15，图5.16）。

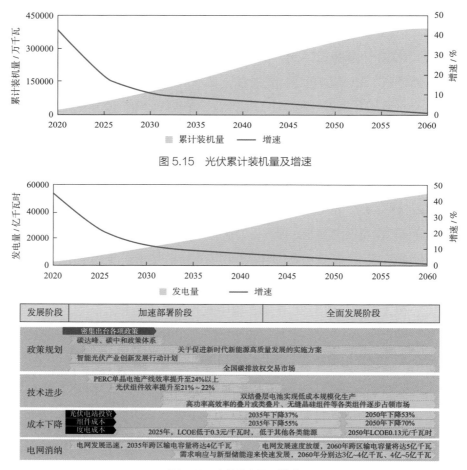

图5.15　光伏累计装机量及增速

图5.16　光伏发电量及增速
资料来源：中国石化经济技术研究院，国家发改委，彭博新能源财经等

② 风电：在政策支持、技术进步等因素推动下，装机和发电量不断增长，到2060年将成为我国第二大能源

2006年《可再生能源法》实施以来，我国风电产业率先加速发展，随后进入规模化发展阶段。随着2019年国家平价上网政策发布，风电行业已步入完全市场化竞争的新阶段。未来，陆上风电开发结构和空间布局逐步优化，将呈现协调发展态势；海上风电快速发展，将促进电力供需结构不断调整，缓解我国东西部源荷不平衡矛盾。支撑风电发展的因素主要来自两方面：一是随着特高压电网建设完善，电力输送能力增强，三北地区风电消纳问题将有效缓解，同时，随着储能等技术的突破，电网消纳能力也将增强。二是风电大型化及漂浮式海上风电等技术进步，将推动风电成本下降、应用场景拓宽。2020~2060年，随着风电、电力系统以及其他能源技术的进步，风电将经历结构优化和协调发展两个阶段，最终成长为我国第二大电源。

结构优化阶段（2020~2030年）：处于快速发展期，发电量年均增速约11.9%，陆上风电开发结构不断优化，近海风电快速发展，远海风电处于示范阶段。经过多年发展，我国陆上风电技术水平显著提高，加之规模效益、竞争加剧及产业愈发成熟，陆上风电项目建设、运维成本和度电成本（LCOE）大幅下降。2020年，我国风电累计装机28153万千瓦（陆上风电占比约96%），发电量为4665亿千瓦时，占全国发电量的6.1%。未来陆上风电结构和空间布局将不断优化。陆上风电方面，目前以集中式为主，风力资源条件好的地区装机已趋于饱和，"推进东中南部地区风电、光伏就近开发消纳"等政策，将推动陆上集中式风电新增项目"南移"，空间布局得到优化；陆上分散式风电规模仍然较小，仅占陆上风电总装机的1%左右，但在政策向分布式新能源倾斜、风机高效化助力分散式项目系统造价降低等因素推动下，分散式风电将在与乡村振兴、美丽中国建设结合的带动下实现加快发展。海上风电方面，在省级补贴和新兴省级市场增长、技术进步与供应链发展成熟的共同推动下，近海风电将快速发展，成为风电装机的重要增长点，推动风电资源东西部源荷不平衡问题得到部分缓解。预计2030年，风电累计装机将达近68340万千瓦，占总装机的18.1%，发电量达到约14300亿千瓦时，占总发电量的13.3%。

协调发展阶段（2030~2060年）：风电处于稳定增长时期，发电量年均增速约4.3%，此阶段陆上风电和近、远海风电全面发展。一方面海上风电技术进步、成本降低使我国风电行业步入陆上风电和近、远海风电全面发展阶段；另一方面储能、智能电网以及其他先进电力系统技术普遍应用，可望从根本上解决风电的并网和消纳问题。风电将迎来陆上与海上并重、集中式与分散式并举的协调发展时期。2035年左右风电发电量超过水电成为我国第一大非化石电源，之后迅速被光伏超越。至2045年，风电累计装机将达到约132850万千瓦（海上风电占比5%左右），发电量达到约34500亿千瓦时（海上风电占比7%左右），长期处于我国第二大电源地位。2045~2060年，风电替代化石能源发电空间减少，剩余布局空间也不断缩小，新增装机逐年下降，发电量增速放缓。预计2060年，风电发电量约为49880亿千瓦时，占总发电量比例约为28.5%（图5.17，图5.18）。

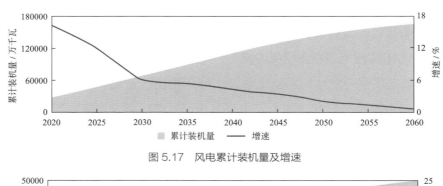

图 5.17　风电累计装机量及增速

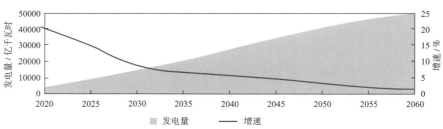

图 5.18　风电发电量及增速预测图
资料来源：中国石化经济技术研究院、国家发改委、彭博新能源财经等

③ **核电：具有经济、稳定、高效的特征，是我国实现"双碳"目标的重要补充**

2021年政府工作报告提出，在确保安全的前提下积极有序发展核电；《2030年前碳达峰行动方案》提出"积极安全有序发展核电"。政策支持将推动核电快速发展。同时，核电自身的优势也将助推其发展：一是具有运行稳定、安全可靠等特点，可以作为大规模替代化石能源的清洁能源。二是能量密度高，1克铀-235全部裂变释放的能量全部转化为热能，相当于2.8吨标煤燃烧释放的热量，1克氢核聚变释放的能量则是1克铀裂变产生能量的8倍。三是应用场景多，可用于供电供热、制取蒸汽、制氢、海水淡化等领域。2020~2060年，随着核能应用技术进一步发展，核电将经历快速增长和稳定发展两个阶段。

快速增长阶段（2020~2040年）：在"双碳"目标推动下，核电凭借其能量密度高、应用场景灵活多样、发电小时数高等优势，迎来发展窗口期，发电量年均增速超过6.2%。目前，我国商用核裂变电机组约50台，累计装机超过5000万千瓦。我国自主研发的三代核电技术"华龙一号"首堆已正式投入商运，海南昌江多用途模块化小型堆科技示范工程也正式开工，使我国在大型核电机组及小型核反应堆建设方面都走在了世界前列。小型核反应堆技术的继续突破，将进一步促进核能在供电、供热、提供工业蒸汽、工业制氢、海水淡化等多个领域的利用。近期国内主要发展热中子反应堆核电站，采用铀钚循环的技术路线，中期将发展快中子增殖反应堆核电站。随着核电技术继续快速发展、安全性和经济性持续提升，大型核电机组综合利用范围将进一步扩大，小型模块化反应堆也将实现多领域多功能应用，并作为基荷能源，与风电、光伏发电相互补充，联合构建分布式清洁能源体系。预计到2040年，核电运行装机容量将达到约16320万千瓦，占我国总装机约3.0%，由于其发电小时数远高于风电、光伏等，发电量占比将达到约9.4%。

稳定发展阶段（2040~2060年）：随着前期建设的核电站陆续投用，核电装机规模和发电量均将达到较大规模。到2060年，预计在运装机容量将达到约32300万千瓦，发电量约24500亿千瓦时，约占全国发电量的14.0%。同时，核电"蓄能"也将成为维护电力系统稳定的重要保障（图5.19，图5.20）。

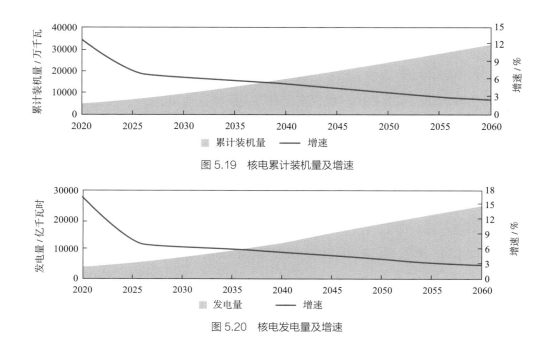

图 5.19　核电累计装机量及增速

图 5.20　核电发电量及增速

④ 水电：近期是非化石能源发电的主力，但受成本下降空间和布局空间
有限的影响，中远期发电量增长平缓

《2030年前碳达峰行动方案》提出"因地制宜开发水电。积极推进水电基
地建设，推动西南地区水电与风电、太阳能发电协同互补。"发展水电是我国
调整能源结构、节能减排、保护生态的有效途径。目前水电利用主要是常规水
力发电。随着各种非化石能源的发展，水风光蓄一体化应用布局逐步展开，城
市周边、新能源富集区域中小微型抽水蓄能受到重视，抽水蓄能将成为水电利
用的重要组成部分。2020~2060年，随着政策法规体系趋于完善、水电技术进
步以及抽水蓄能的发展，水电将经历稳步增长和平缓发展两个阶段。

稳步增长阶段（2020~2035年）：水电处于稳步发展时期，发电量年均增
长率约1.9%。水电技术成熟度高，且具有供水、防洪、灌溉、航运、旅游等
综合利用效益，是近期非化石能源发电的主力。2020年，水电累计装机37016
万千瓦，是装机最多的非化石能源，其中抽水蓄能装机占比约1%；发电量为
13552亿千瓦时，占我国总发电量的17.8%。预计2035年前后，我国将全面建
成十三大水电基地，建成水风光互济的综合能源体系，水电总装机容量达到约

47070万千瓦，抽水蓄能电站建设不断发展，抽水蓄能投产总规模占比达到约17%，助力智能电网发展。2035年后，随着其他非化石能源发电成本下降，水电新增装机量将逐渐减少。

平缓发展阶段（2035~2060年）：水电总体增长放缓，发电量年均增速约0.6%。2035~2060年间，水力发电装机由约47070万千瓦增至约54920万千瓦，发电量由约18000亿千瓦时增至约21000亿千瓦时，增幅16.7%，水电装机主要集中在西南地区。但由于风光等可再生能源的快速发展，水电发电量占比下降，由15.1%降至12.0%（图5.21，图5.22）。

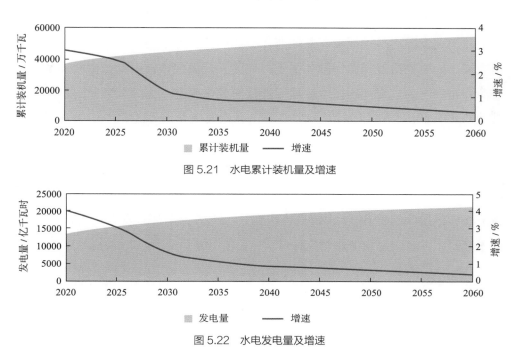

图 5.21　水电累计装机量及增速

图 5.22　水电发电量及增速

⑤ 其他非化石能源：受制于自身条件限制，在发电领域的增长空间有限，远期将成为新型电力系统的有益补充

《2030年前碳达峰行动方案》提出"因地制宜发展生物质发电、生物质能清洁供暖和生物天然气。探索深化地热能以及波浪能、潮流能、温差能等海洋新能源开发利用。"生物质能、地热能和海洋能等其他非化石能源不仅是实现"双碳"目标的有益补充，更是大气污染治理、固体废弃物处理的有效手段。

2020~2060年，其他非化石能源在政策引导和技术进步的推动下快速发展，发电量增速大于10%，但受制于资源量小或开发难度大等因素，在非化石能源体系中占比较小。

2020~2040年，在政策推动下，生物质能、地热、海洋能等其他非化石能源快速增长，发电量年均增速达到约30.3%，但总量规模有限。2020年，其他非化石能源累计装机40万千瓦，发电量3亿千瓦时，仅占非化石能源发电比例的0.01%。从机遇看，《"十四五"可再生能源发展规划》提出稳步推进生物质能多元化开发，积极推进地热能规模化开发，稳妥推进海洋能示范化开发。同时，随着固体废弃物等处理处置力度进一步加大，将推动生物质能等其他非化石能源快速发展。从挑战看，其他非化石能源自身的某些局限性又会限制其发展规模，如生物质能资源保障体系不尽完善，低温地热发电受技术瓶颈及高温资源分布的制约，海洋能技术进展缓慢且商业化程度不高等。预计到2040年，其他非化石能源装机将达到约2220万千瓦，发电量达到约600亿千瓦时，占全国总发电量比例不足0.5%。

2040~2060年，随着其他非化石能源技术瓶颈相继突破，发电量仍将有所增长，成为新型电力系统的有益补充，但发展速度放缓，发电量年均增速维持在14.3%。预计到2060年，装机将达到约18420万千瓦，发电量达到约8750亿千瓦时，占全国总发电量约5%。

第六章

关键终端用能部门能源消费

终端能源消费总量及结构

① 我国终端能源将呈现出总量上先升后降和结构上快速清洁化的趋势

从总量看，协调发展情景下，我国终端能源消费将从2020年的约31.76亿吨标煤增至2030年的峰值36.44亿吨标煤，之后缓慢下降，2060年降至约27.38亿吨标煤（图6.1）。

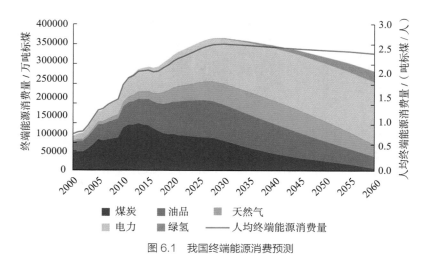

图6.1 我国终端能源消费预测

从结构看，终端能源的清洁化主要表现在煤炭和油品的快速下降、天然气的近中期扩张支撑、电力的持续增长和绿氢的远期崛起几个方面。协调发展情景下，预计我国煤炭消费将持续降低，2030年在终端能源中的占比将降至约22.9%，2045年后降至10%以下，2060年降至约2.7%；终端油品消费"十五五"初期达到峰值后逐步下降，预计2030年占比为27.1%，2060年降至11.6%；天然气终端消费占比在中期内持续提升，预计将由当前的约11.9%增至2030年的约15.6%，到2045年占比达到峰值约18.3%，2060年降至12.0%；电力在终端能源中的占比则持续快速提升，将由当前的约28.1%增至2030年的约33.9%，并在2050年超过50%，2060年继续提升至63.2%；绿氢将成为终端能源清洁化的重要组成部分，但总体来看，近中期绿氢消费占比较低，2030年

终端消费占比仅为约0.5%，之后加快增长，预计2060年占比将达到约10.4%
（图6.2）。

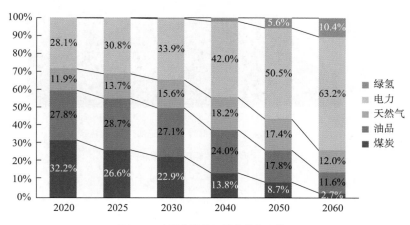

图6.2　我国终端能源消费结构变化

② **碳达峰期需各终端部门控制新增能源消费以降低峰值，碳中和期能源消费量压减主要从工业部门和交通部门发力**

2030年前，我国各终端用能部门的能源消费总量总体呈增长趋势，其中工业部门增量最大，约为2.37亿吨标煤，占总增量的约50.7%；其次为建筑部门，预计增量为1.20亿吨标煤，占总增量的约25.7%；交通部门增量约为1.03亿吨标煤，占总增量的约22.0%；农林牧渔能源消费总量较低，约有796万吨标煤的消费增量，在总增量中占比约1.7%。

2030~2060年，农林牧渔业、工业部门、交通部门的能源消费总量均呈持续下降趋势，建筑部门仍保持一定时期增长，2040~2045年左右达到峰值后逐步下降。从总体看，农林牧渔业由于总量较低、建筑部门由于达峰较晚，工业部门和交通部门对能源消费的压降起到主要作用。2030~2060年，预计工业部门终端能源消费总量下降约5.36亿吨标煤，占总降幅的约59.2%；交通部门下降约2.94亿吨标煤，占比约32.4%；建筑部门下降约6477万吨标煤，占比约7.2%；农林牧渔业能源消费量基本保持稳定，微降1137万吨，占比约1.3%（图6.3~图6.5）。

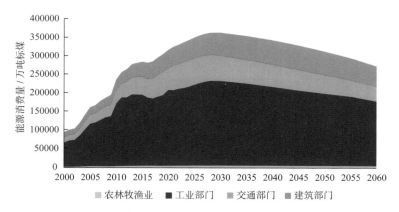

图 6.3　我国终端用能部门能源消费预测

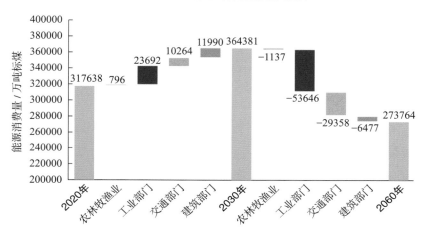

图 6.4　我国终端用能部门能源消费增减变化预测

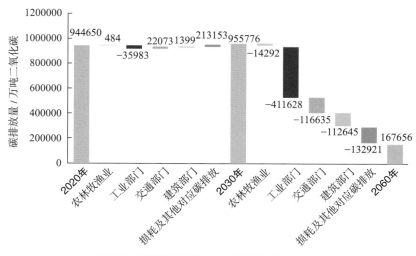

图 6.5　我国终端用能部门碳排放增减变化预测

二 农林牧渔业

① 农林牧渔业用能现状及特征

改革开放以来，我国农林牧渔业实现了长足发展与进步，增加值从2000年的约1.5万亿元增至2021年的约8.7万亿元，保持长期稳步增长，但在国内GDP中的占比呈持续下降态势，从2000年的约15%降至当前约8%的水平，2017年以来总体进入占比稳定区间（图6.6）。

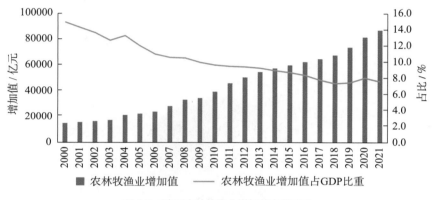

图6.6 我国农林牧渔业增加值变化历史

随着农林牧渔业发展进步，产业生产方式也逐步发生转变。以农业为例，随着农业现代化进程的推进，我国农业生产先后经历了以体力劳动为主的小农经济时代，到以机械生产为主、适度规模经营的"种植大户"时代，再到开始进入以土地流转促进规模化、以现代科技装备促进机械化自动化为主要特征的现代农业生产时代，劳均粮食、蔬菜和经济作物的产量基本均实现了一倍以上的增幅。与此同时，农林牧渔业的能源消费特征也随之发生变化。

2000年以来，我国农林牧渔业的用能总量总体呈波动上升态势，2020年能源消费总量约5908万吨标煤，较2000年增长133%，但在全社会终端用能总量中的占比呈阶梯式下降，由2000年的2.7%降至2020年的1.9%。在用能类型方面，当前柴油、电力和煤炭占农林牧渔业用能总量的约93.0%，且柴油的增长幅度较大，主要是由农业机械总动力持续增长拉动的。电力消费随着农林牧渔业总体扩张而同步增长，在用能总量中的占比总体保持稳定，约在

23%~29%的区间波动（图6.7，图6.8）。

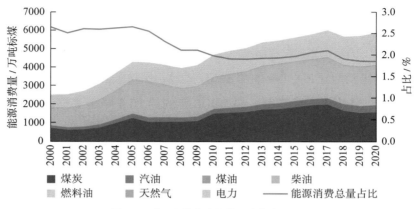

图6.7 我国农林牧渔业能源消费变化历史

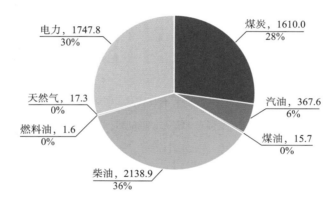

图6.8 我国农林牧渔业2020年能源消费结构（单位：万吨标煤）

2 农林牧渔业发展趋势及用能特征变化

做好"三农"工作是我国重要的战略需要，预计未来农林牧渔业发展及用能特征将表现出如下两个趋势。

一是粮食安全和人民美好生活需要推动农林牧渔业实现高质量、可持续、规模化发展，规模增长与效率提升的消长叠加作用使得用能总体保持稳定。我国是人口大国，且人民生活水平的改善提升空间仍较大，对于基本产品的需求将继续增长。当前我国大米和小麦两类基础口粮基本实现自给，未来需求量随着人口拐点的出现将逐步下降，但玉米、大豆等饲料粮以及棉花、食糖等需求仍将大幅增长，自给水平将持续下降。牛肉、羊肉、牛奶到2050年的需求增幅将达到50%~100%不等。森林覆盖率、人均森林面积和人均森林蓄积量分别仅为世界平均水平的约2/3、1/4和1/6，未来将进一步改善。人均水产品摄入量仅为全球平均水平的约60%，到2050年水产品消费量将较当前增长约40%。农林牧渔业规模的增长使得能源消费存在上升势能。但同时，规模化、集约化、自动化、智能化等也将大大提高我国农林牧渔业的能源利用效率，尤其是随着卫星地图确权使得大规模土地流转和规模化现代农业的建立更加可行，将推动农业联作联产和现代化、集约化水平显著提升，加之畜牧业等扩大规模化，使得农林牧渔业能源消费存在下降势能。综合来看，规模增长与效率提升带来的能源消费的消长平衡，将使得农林牧渔业能源消费总量总体保持稳定。

二是农畜业现代化进程中科技创新的进步及绿色发展的目标，将使得农林牧渔业用能加快进入电动化阶段。农林牧渔业装备对于能源的能量密度、安全性等并没有过高依赖，因此从用能结构调整看不存在技术壁垒。当前我国正进入现代农业生产时代，电气化和自动化程度将进入快速提升阶段，尤其是未来将从通用机械进一步转向新型联动农业机械，对于生产作业过程的智慧性要求不断提升，电力在与自动化和智慧化生产过程的满足性和匹配性方面较柴油和煤炭具有显著优势，同时叠加绿色发展要求，未来农林牧渔业用能将加快进入电动化时代。

③ 农林牧渔业能源消费预测

农林牧渔业能源消费总量未来总体呈先增后降趋势，预计于2030年达到约6700万吨标煤左右的峰值水平，之后进入缓慢下降阶段，到2060年降至约5570万吨标煤。能源消费结构则呈现出大幅调整趋势，核心特征是电力替代加快，逐步替代柴油和煤炭消费，电力消费占比到2060年预计将超过90%。

伴随着电力替代的推进以及电力系统排放强度的降低，农林牧渔业的碳排放预计将于"十五五"时期达到峰值，在经历缓慢下降阶段后，2035年之后降速加快，预计2060年碳排放降至约2600万吨，较当前下降约84%（图6.9，图6.10）。

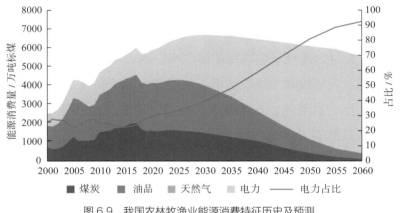

图 6.9　我国农林牧渔业能源消费特征历史及预测

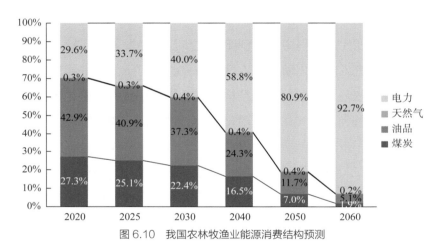

图 6.10　我国农林牧渔业能源消费结构预测

三　工业部门

① 工业部门用能现状及特征

工业是国民经济发展的基础与支撑。我国工业长期高速增长，工业增加值从 2000 年的 4.6 万亿元增加至 2021 年的 45.1 万亿元。随着我国逐步迈入工业化后期，工业增加值占比已小于第三产业，由 2000 年的 45.5%，增至 2006 年的 47.6%，再降低至 2021 年的 39.4%。第二产业对 GDP 的拉动作用明显减小，而第三产业的拉动效果则不断提升（图 6.11，图 6.12）。

我国工业在发展中不断优化内部结构，加快向中高端迈进。从改革开放之初的劳动密集型一般加工制造业为主，逐步向资本、技术密集型工业发展转变，并加速绿色低碳发展，加快淘汰落后产能和化解过剩产能。2012年到2021年，我国高技术制造业占规模以上工业增加值比重从9.4%提高到15.1%，装备制造业占规模以上工业增加值比重从28%提高到32.4%，钢铁行业提前两年实现了"十三五"淘汰低效落后产能1.5亿吨的目标，电解铝、水泥等行业的落后产能也基本出清。

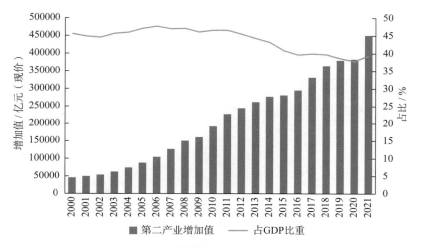

图 6.11　我国工业增加值总量及占 GDP 比重变化
数据来源：国家统计局

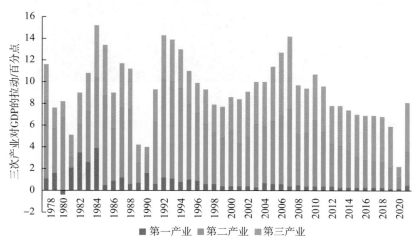

图 6.12　我国三次产业对国内生产总值增长的拉动
数据来源：国家统计局

工业用能的特征随着我国工业化进程而演化。工业用能总量在显著上升后保持在相对稳定水平，2020年工业终端能源消费总量约20.37亿吨标煤，较2000年增长了210%，但相比2011年只增长了10%。工业在全社会终端用能总量的占比近年来持续下行，由2000年的68%，降至2020年的64.1%，比2011年时的高值71.7%下降了近8个百分点。从工业终端用能看，目前煤炭和电力是最主要的品种。随着生产能效的提升、电气化的推进、工业结构的持续转型与优化调整，"去煤"趋势愈发明显。2013年之前，工业终端用能中煤炭占比长期维持在60%左右，电力占比从2000年的17.5%增长到23.3%。2013年之后，煤炭消费量缓慢减少、占比跌破60%并持续下降，电力和天然气保持稳定增长、占比明显提高。特别是2017年后，随着工业"煤改气"的推进，天然气使用显著增多，已有逐步赶超石油占比之势。到2020年，在工业终端用能中，煤炭占比降至45.4%，电力占比已达29.4%（图6.13，图6.14）。

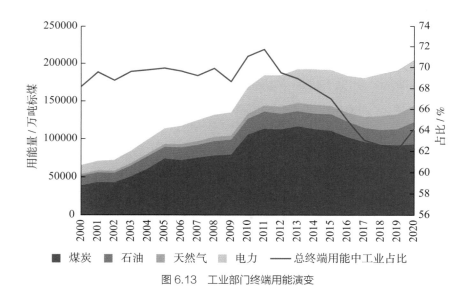

图6.13　工业部门终端用能演变

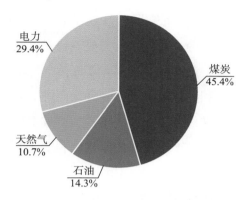

图 6.14　我国工业部门 2020 年终端能源消费结构

② 工业部门发展趋势及用能特征变化

工业将继续在我国经济发展中扮演重要角色。《中华人民共和国国民经济和社会发展第十四个五年规划和 2035 年远景目标纲要》强调"保持制造业比重基本稳定"。面对逆全球化等复杂外部形势，以及我国所处发展阶段和人民日益增长的美好生活需要等内部发展要求，保持制造业的持续增长与稳定占比是我国发展的必然选择。预计未来我国工业总规模和工业生产总值将持续保持增长，并在经济总量占比中保持较长时期的稳定。从目前到 2040 年，工业占GDP 比重仍将维持在 30% 以上水平，之后缓慢下降，但 2060 年时工业占 GDP比重仍在 25% 左右。

未来我国工业将持续优化升级。这是我国经济发展迈入新阶段的必然需求，也是进入工业化后期的必然变化。一方面，我国城镇化将逐步进入后期稳定阶段，钢铁、水泥等普通和大宗工业品的需求已经或者接近达峰，即将开始进入下降通道；另一方面，高品质、多样化、个性化的工业品需求逐步扩大，新一轮科技革命大潮将促进我国制造业朝着更高质量、更高附加值、更高技术含量的方向发展。钢铁、水泥、有色金属、燃料加工、化工等传统高载能工业在工业增加值中的占比将继续稳步下降，航空航天及设备、电子及通信设备等高技术制造业蓬勃发展，在工业增加值中的占比将明显提升。到 2040 年，钢铁、水泥等传统高载能工业在工业增加值中的比重将降至 20% 以下，装备制造业占比提升至近 38%；到 2060 年，传统高载能工业占比将下降到 12% 左右，装备制造业占比将超过 45%。

不同工业领域的能源需求特征各异，决定了各行业用能演变路径的显著不同。钢铁、建材、石化化工等高载能工业需要能量密度高、供应连续稳定、成本相对较低的能源。因此，这些行业近期需要天然气等清洁能源替代煤炭，远期则需要加大工艺革新，利用氢能等进一步降低碳排。而装备制造业，特别是高技术制造业由于其高附加值以及能源成本占生产成本低的特点，对能源成本变化敏感性相对不高，而且生产过程对能量密度和功率的要求也较低，并具有生产过程智慧化程度强等特点，因此使用电力作为能源的匹配性更好，未来用电总量将随产品规模的增长持续扩大，电力消费在用能中的占比也将不断提高。

（1）钢铁行业

粗钢需求已经达峰、电炉钢加快发展，钢铁行业用能总量将显著下降。钢材需求的减少是钢铁行业用能下行的首要因素。2020年我国城镇化率已达64%，基础设施建设和房地产对钢材的新增需求量已经在逐步下降。2020年我国粗钢产量10.6亿吨，粗钢需求已进入峰值平台期，并将开始下行，粗钢产量也随之下降。从世界主要国家的发展规律看，钢铁需求与经济发展水平呈先增后减的关系。预计到2060年，我国人均GDP将接近5万美元，与主要发达国家现状类似，人均粗钢表观消费量约400～500千克，略高于德国现状水平。到2030年粗钢产量预计降至8亿吨左右，到2060年降至6亿吨左右。其次，我国电炉钢将加快发展，进一步降低钢铁行业用能总量。电炉钢的吨钢能耗大约只有高炉炼钢的五分之一，节能效果明显。目前我国电炉钢占粗钢总产量比例仅10%左右，相比其他国家有较大差距，世界平均值约30%，中国以外其他地区约50%，美国则达70%。未来，随着我国废钢资源的积累、废钢回收利用的发展和成本的下降，以及国家对循环经济的大力推动，我国电炉钢产量将加速增长、在粗钢产量中的占比将明显提升。预计到2025年，电炉钢占比约15%，2030年达到20%，2060年可达60%。此外，钢铁生产能效提升也将有助于用能总量下降，但由于目前我国钢铁企业总体用能效率已与世界先进水平相当，能效提升对降低行业用能总量的贡献有限。考虑到工艺流程的持续改进、数字化智能化技术对能效管理的提升等因素，预计到2060年能效提升的空间还有10%到15%（图6.15）。

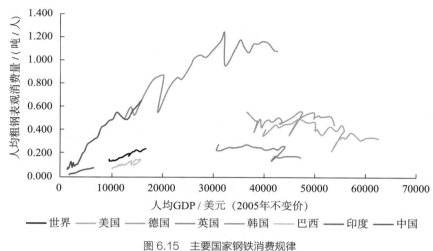

图 6.15　主要国家钢铁消费规律
数据来源：世界银行

电炉钢占比显著提升、氢能炼钢蓄势待发，钢铁行业用能结构将更加清洁低碳。电炉钢生产主要使用电力，将大幅减少焦炭和煤炭使用，实现钢铁生产过程洁净化。氢能炼钢是远期钢铁行业进一步实现去煤、降低能耗的革命性因素。氢能炼钢主要有两种方式，一是在高炉炼钢的还原气体中增加氢气比例，可以一定程度降低焦炭的使用量；二是以氢气作还原剂直接将铁矿石转化为富铁的中间产品，然后再将中间产品投入电炉制成粗钢，可大量减少还原剂焦炭的使用。但是氢气直接还原炼钢工艺受绿氢成本降低难、技术发展缓慢等因素制约，可能在2030年之后才开始逐步应用，到2050年之后产量才能超过1亿吨。预计到2045年，氢气直接还原炼钢产量占比约10%，2050年约14%，到2060年约25%。

（2）建材行业

建材行业包括水泥、玻璃、陶瓷等多种工业，其中水泥生产是建材行业耗能和产生碳排放的主体，也是我国高耗能和高碳排的主要行业之一。

水泥需求即将达峰、生产能效进一步提升，水泥行业用能总量将逐步下降。需求变化是水泥行业用能总量减少的首要因素。根据发达国家经验，在经济发展到一定阶段，水泥人均累积消费量达到15吨/人左右后，水泥人均年消费量基本达到峰值平台区间（600～700千克/人），水泥年消费量也将经历一段平台期后开始下降。与主要发达国家相比，我国幅员辽阔、地形复杂，高铁、高速公路等大型基础设施众多，高层建筑占比高，水泥消费量巨大，因此预期我国达到水泥消费峰值时的人均累积消费量会更多。目前，我国水泥人均年消费量和人均累积消费量已超过发达国家水泥年消费量峰值时的水平，2020年我国水泥产量约23.7亿吨，水泥人均年消费量约1700千克/人，水泥人均累积消费量已达约26吨/人（图6.16）。城镇化步伐放缓叠加经济发展水平的提高，我国基础设施建设和房地产开发对水泥的新增需求量将逐步减少并进入下行通道，水泥行业发展已处于成熟期。预计我国水泥人均累积消费量在达到25~30吨/人时，水泥消费量和产量将达到峰值，之后年需求量、产量、人均年消费量经历一定平台期后持续下降，最终水泥人均年消费量保持在600~800千克/人的水平。综合上述分析及我国经济发展、城镇化与人口变化趋势，预计我国水泥产量在2025年前达到峰值24亿吨，2030年降至18.3亿吨，到2060年将降至6.5亿吨。此外，水泥生产能效提升将进一步降低用能总量，但作用相对有限。通过对落后产能的淘汰、工艺流程的优化改进等手段，相比2020年，预计2060年行业能效还可提升约10%～15%。

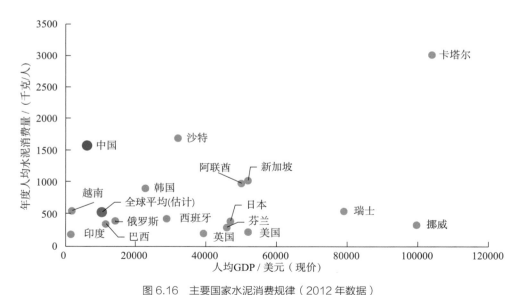

图6.16　主要国家水泥消费规律（2012年数据）
数据来源：Emma Davidson，Defining the trend：Cement consumption versus Gross Domestic Product

　　燃料的清洁化替代将优化建材行业的用能结构。目前水泥生产的主要用能品种是煤炭和电力，其中将石灰石煅烧为熟料的过程需要使用能够产生高热的燃料，主要使用煤炭。鉴于水泥附加值相对较低，所用燃料的成本也须较低，因此大规模改用天然气或电来加热较为困难。目前我国水泥行业燃料替代率不到1%，而发达国家煅烧石灰石已经较多采用了生物质、废弃物等低碳燃料，燃料替代率平均已达30%，其中美国和日本约15%到20%，德国和荷兰已分别达到70%和90%。在"双碳"目标要求下，废弃物等新型燃料利用将受政策利好、供应量持续稳定和垃圾分类工作的加速改善等因素促进，水泥窑协同处置废弃物将得到快速发展，煤炭将被加速替代。预计到2025年，水泥行业煤炭替代率约5%，2030年约10%，2050年约45%，2060年可达80%左右。

（3）石化化工行业

石化化工行业中，炼化（包括炼油和石油化工）和煤化工是用能和产生碳排放的主体。炼化产业需消耗煤炭作为燃料和制氢原料，以及消耗大量电力驱动装置运行，煤化工产业则主要是消耗大量的煤炭用作原料、燃料。

下游需求的增速放缓和逐步下行，使得炼化产业用能总量下降。炼化产业包括炼油和石油化工两大领域，二者均将先后经历产品需求达峰及下降的过程，推动炼化产业总体用能先升后降。近中期，由于居民消费水平提升，化工产品需求将会持续增长，带动化工用油需求增加，并持续到2030年。中远期，在塑料循环再生利用、二氧化碳制化工原料、生物基化工原料生产等替代技术作用下，化工用油先进入平台期再开始下行。炼化产业通过产能汰旧上新以及流程优化等节能措施实现能效提升，进一步降低用能总量。电力和氢能的加大应用将优化炼化产业的用能结构，主要是通过对加热炉等装置电气化改造，减少化石燃料的使用；通过使用绿氢替代目前炼化生产所需的以煤炭为主的化石能源制氢，对化石原料的使用也可以降低。

下游产品需求减少，生产煤耗降低和能效提升，推动煤化工行业用能总量减少。煤化工主要包括煤制合成氨、煤制甲醇、煤制油等，生产过程煤耗高、能耗高。随着下游产品需求的变化，煤化工行业规模将在2030年前稳定增长，之后逐步下行，到远期只保留少量油品和化工品生产。合成氨主要用于生产化肥，其需求量将在近中期内保持稳定，这主要是由于在粮食安全战略要求更加凸显的情况下，我国耕地面积将长期维持在较稳定水平，化肥需求量同样较为平稳。未来随着我国人口在达峰后下降，以及农业生产中化肥的利用更加集约，合成氨需求将有明显下降。甲醇是重要的化工原料，鉴于我国经济增长趋势和人民生活对化工产品需求的持续增长，预计未来甲醇需求仍有20到30年的增长期，之后有所回落。煤制油是我国立足"贫油"资源禀赋下的必然选择，预计煤制油产能增长将持续到2030年。但随着我国油品需求达峰及随后下降，煤制油产能也将逐步下行。煤化工生产能效的提高将减少煤化工行业的单位产品煤耗和能耗，降低用能总量。这主要是通过淘汰低效、老旧的生产设备，更换能够更高效利用煤炭的煤粉气化装置，以及提高运营管理水平等手段实现的。生产设备的电气化将推动煤化工行业生产用能结构优化。煤化工生产目前仍以化石燃料为主，未来对这些设备的电气化改造将有利于生产用能清洁化、低碳化。但是由于用电成本过高，电气化设备的大范围推广可能远期才能实现。

③ 工业部门能源消费预测

工业部门能源消费总量未来将呈先增后减趋势。预计于2030年左右达到约22.74亿吨标煤的峰值，之后进入下行阶段，到2060年，降至17.38亿吨标煤，约是2020年的85.3%、2030年峰值的76.4%。产业结构与生产工艺变革将持续推动工业用能结构的电气化，煤炭将被持续压减，占比由2020年的45.4%降至2060年的4.1%。远期天然气消费也将被电力和氢能替代，占比由2020年的10.7%增至2040年的18.4%，再下降至2060年的8.3%。氢能将替代煤炭和天然气的还原剂、高热燃料角色，从无到有，逐步成为工业部门的重要用能品种。工业部门用能将从目前的煤炭独大，到中期的煤炭与电力相近、天然气更加凸显，再到远期的电力独大、石油和氢能相当。到2060年，电力消费占比将超过65%，氢能消费占比近10%（图6.17，图6.18）。

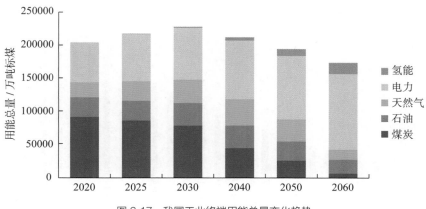

图6.17 我国工业终端用能总量变化趋势

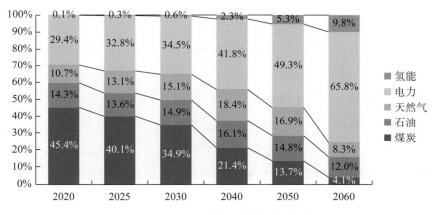

图6.18 我国工业终端用能结构变化趋势

四 交通部门

① 交通部门用能现状及特征

交通运输行业是国民经济和工业生产运行的动脉，是链接各部门的链条和纽带，重要性日益凸显。全行业增加值由2000年的6162亿元增加至2021年的4.7万亿元，保持了年均10.2%的快速增长，期间交通运输行业占GDP的比重由6%小幅下降至4%左右（图6.19）。

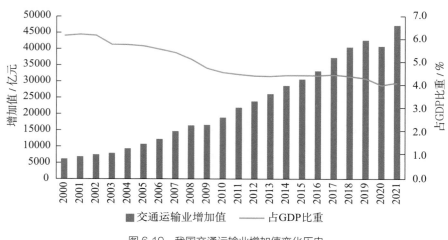

图6.19　我国交通运输业增加值变化历史

交通周转量需求与我国的经济发展阶段和水平、产业结构和布局、国土面积、人口等因素有关。经过几十年的快速发展，我国的交通运输业取得了长足进步。加入世贸组织之后，交通运输总量增速明显加快，由入世前的年均增长8%左右提高至年均增长12%左右。2010年之后，国内经济增速放缓、结构优化，交通运输总量增速随之放缓至5%左右，2021年总周转率达24.0万亿吨公里（含远洋）。

交通运输业按运输内容分为客运和货运，按运输方式分为公路、铁路、水运、航空和管道运输。我国客运交通口径包括经营性客车运输、铁路客运、航空客运和水路客运。

居民出行持续增加，轨道交通占客运比重加大。随着居民收入水平的提高，出行意愿不断增强，我国旅客周转量呈现不断增加态势，2019年达3.5万亿人公里，2000～2019年年均增长5.7%（2020～2021年受疫情影响大幅降低）。发达国家经验表明，处于城镇化中期的国家，其生产性和消费性客运需求均呈现快速增长态势，中后期则会变缓。当前我国仍然处于城镇化快速发展阶段，社会人员广泛流动的增加使得客运周转量大幅增长。一方面，随着城市人口快速扩张以及居民收入水平提升，客运需求增长潜力巨大；另一方面，我国区域发展的不平衡将促使区域间人员流动增加。从客运结构变化看，进入2000年后，公路运输比重基本维持在55%左右，民航的快速发展挤占了部分铁路客运市场。2013年至今，在高铁快速普及拉动下，铁路客运市场呈现回升趋势，而公路客运逐渐被高铁和民航挤压，市场份额快速下滑（图6.20）。

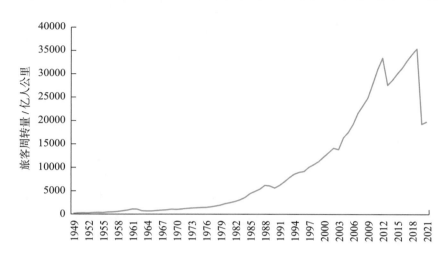

图6.20　我国旅客周转量变化历史
注：旅客周转量不包含私人汽车出行、城市内公交和出租车运输以及城市轨道交通。

工业发展推动货运持续增加，但增速放缓。2000年之后，中国加入世贸组织，国内工业、制造业飞速发展，原材料产地与需求地不匹配，以及消费品生产地与消费地不匹配，推动我国货运周转量由4.4万亿吨公里快速增加至2012年的17.4万亿吨公里，年均增长12.1%。2013年之后，宏观经济降速，产业结构调整，货运周转量增速明显放缓至2.8%，2021年达22.4万亿吨公里。从不同运输方式货物周转量结构变化来看，经历了两个阶段：2000～2016年，铁路和水运比重快速下降，公路货运比重快速提高。公路运输占比由14%提高至33%，铁路运输占比由31%降至13%，水路运输占比由54%小幅降至52%左右。2016～2021年，环保压力下，各地积极推进"公转铁""公转水"，公路货运比重降至31%，铁路运输比重提高至15%，水路运输比重变化不大，管道和民航运输占比均较小（图6.21）。

2020年全国交通用能约6.64亿吨标煤，2010～2021年年均增长6.0%。石油是主要的交通用能品种，占比从2010年的92.4%下降到2021年的89.9%，其中汽油消费1.99亿吨，柴油消费1.57亿吨，汽油和柴油占交通用油的85.3%。2021年交通用电量1480亿千瓦时，其中铁路占70%左右。

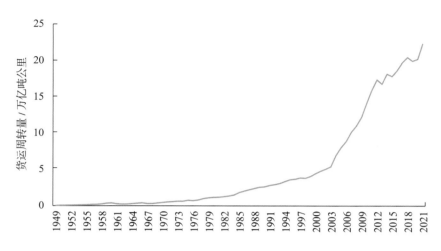

图 6.21　我国货运周转量变化历史

② 交通部门发展趋势及用能特征变化

从客运来看，人均出行与经济发展水平相关，美国、欧洲、日本数据显示人均GDP在4万美元左右时人均出行达到1.5万～2.0万公里/年的饱和值，之后小幅回落。考虑到中国人均GDP发展水平及庞大的人口基数，同时随着远程通信技术普及，减少了部分出行需求，国内出行饱和值到来将早于先发国家，饱和值水平也相对更低，预计将由目前的0.8万公里/年增至2040～2050年的1.3万～1.4万公里/年。从出行结构来看，轨道交通有较大增长空间，公路和水路出行将继续降低，航空增长空间有限。

从货运来看，周转量与货运量和运输距离有关。不同国家货物周转量的差别主要由于国土面积、资源结构、产业结构等不同所带来的货物消费量和运距差异。从国际经验看，发达国家人均GDP达到3万～4万美元，货物运输量基本达到饱和，饱和值在40~70吨/人。中国目前人均货物运输量约33吨，仍有较大发展空间，预计在2040年前后达40~50吨/人饱和值。扣除远洋部分后，中国国内货物运输的平均运距自改革开放以来不断增加，2017年为299公里左右。考虑到资源地向西部集中，制造地由东部部分向中西部转移，消费地除了东南部之外，未来中西部地区潜力较大，中国跨区物资流动性继续保持，未来货运距离保持在300公里左右，低于美国的350公里水平。预计货运周转量在2040年前后达到峰值，约20万亿吨公里。从大宗商品运输需求来看，中期煤炭依然保持主力地位，但2030年后明显减少，钢铁、矿石、水泥、木材等与建筑和制造业相关的大宗商品中期仍将保持一定增长需求；远期看，随着人民消费水平提高，生活物资运输将取代生产物资，成为货运主力。从运输结构来看，相较美欧等国家，我国铁路运输比例相对较低，在公转铁政策等推动下，未来比例将持续提高；公路货运比例持续降低；受内河水域空间限制，水运比例变化不大；航空及管道运输受到运载空间以及货运品种限制，增长空间有限。

综合判断，2040年前后我国交通运输总量基本达到饱和，之后随着人口总数减少，以及以能源为主的生产物资运输需求下降，总运输需求呈现达峰后下降趋势。其中货运需求达峰要早于客运需求（图6.22）。

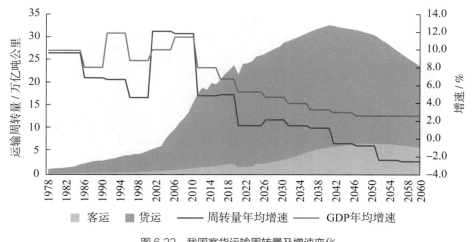

图6.22　我国客货运输周转量及增速变化

3 交通部门能源消费预测

随着电动化替代、效率提升、人口达峰后下降、共享经济不断成熟等，交通用能增速放缓，预计在2030年前达峰，峰值约7.19亿吨标煤，2020~2030年年均增长1.64%左右，之后持续下降，预计到2060年降至3.91亿吨标煤。

交通方式结构方面，公路交通用能占比最高，但呈下降趋势，2021年占83.2%，预计2030年降至73%左右，2060年降至57%左右；铁路交通用能占比最小，但呈上升趋势，2021年占2.2%，预计2030年升至3%左右，2060年升至5%左右；水运交通用能占比相对稳定，2021年为8.1%，预计2030年达10%左右、2060年达12%左右；航空用能占比快速增加，2021年为6.5%，预计2030年升至15%左右，2060年升至26%左右。

能源结构方面。石油占比持续下降，预计由2020年的88.9%降至2030年的86.2%左右，到2060年降至约25.4%；电力占比快速增加，从2020年的2.8%增加到2030年的7.0%，2060年进一步增加至40.1%左右；预计氢能占比从2030年开始快速增加，2060年达到约29.6%左右；天然气占比小幅下降，从2020年的8.0%下降至2060年的5.0%左右（图6.23，图6.24）。

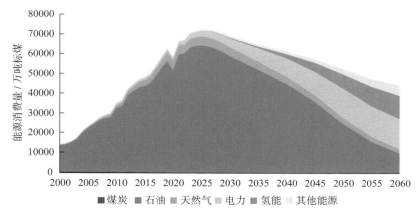

图6.23　我国交通部门能源消费特征历史及预测
注：其他能源包括生物质燃料、氨和合成燃料等。

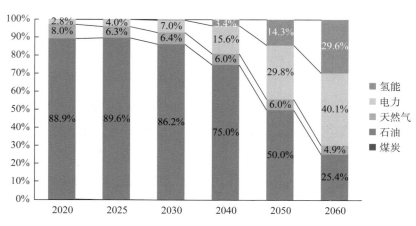

图6.24　我国交通部门能源消费结构变化预测

五　建筑部门

① 建筑部门用能现状及特征

在国民经济高速增长、城镇化进程稳步推进背景下，建筑部门在我国终端能源消费中扮演日益重要的角色。2020年，我国人均GDP突破7万元人民币，城镇常住人口规模突破9亿，这意味着民生福祉再上新台阶，人民对美好生活的向往获得更加强有力的经济支撑，推动我国建筑部门能源消费快速发展，总量约为4.98亿吨标煤，人均能源消费352千克标煤。近5年，建筑部门能源消费以年均4.3%的速度增长，在终端能源消费中占比15.7%，对终端能源消费的增长贡献率达29.0%。

从部门构成来看，民用建筑能源消费占比最大。2020年，民用建筑能源消费3.20亿吨标煤，占建筑部门能源消费总量的64.4%；商业及公共服务建筑能源消费1.77亿吨标煤，略超民用建筑消费量的半数（图6.25）。

从能源结构来看，电力进一步夯实第一能源品种地位，煤炭消费量迅速下跌。2020年，建筑部门电力消费量高达2.12万亿千瓦时，约占全社会电力消费总量的三成，占建筑部门能源消费总量的52.3%；煤炭消费量同比减少近700万吨，是电力、天然气之后的建筑部门第三大能源消费品种（图6.26）。

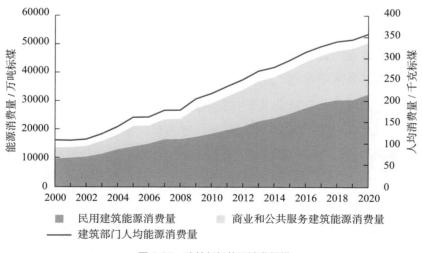

图 6.25　建筑部门能源消费规模

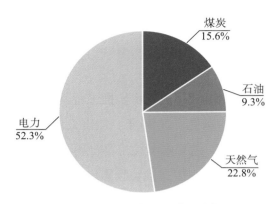

图 6.26　2020 年建筑部门能源消费结构

② 建筑部门发展趋势及用能特征变化

人口规模达峰和结构老龄化是建筑部门能源消费总量达峰和电气化转变的主要推动因素。一方面，居住、办公、文娱等活动是建筑部门能源消费的来源，因此人口规模支撑着建筑部门能源消费的规模。预计我国人口总量将在"十四五"期内达峰，峰值人口约为14.13亿，达峰后较长一段时期，我国人口将依然维持14亿左右的庞大规模，2045年之后加速下降，对能源消费的支撑作用也将随之显著弱化。另一方面，人口结构塑造着建筑部门能源消费特征，老龄社会有更高的医疗、护理需求，对能源的安全、智慧要求增加。我国正处在中度老龄化社会，预计2035年前后，我国老龄化率将超过20%，步入重度老龄化社会，届时医疗和社会养老需求空前旺盛，使得商业及公共服务建筑能源消费增加。

经济发展为人们追求美好生活提供支持保障，推动建筑部门人均能源消费增长并维持在较高水平区间。在民用建筑领域，购买力的增长将促进居住面积扩大和用能终端增多；在商业及公共服务建筑领域，经济繁荣贸易畅通将促进文娱消费需求的释放。从世界趋势来看，建筑部门能源消费水平随人均GDP的增长而增长。预计2035年前后，我国人均GDP增至2万美元以上，跻身中等发达国家行列，届时人民生活水平和建筑部门能源消费规模将迈向新高。到2060年，我国人均GDP将接近5万美元，相当于英国、德国等欧洲发达国家现状，人民强大的购买力将支撑建筑部门人均能源消费量维持在较高水平（图6.27）。

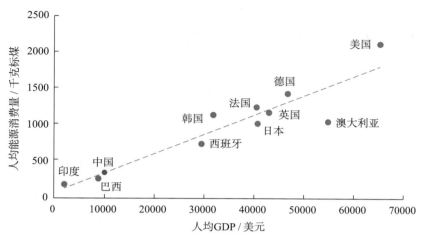

图 6.27　世界主要国家建筑部门能源消费规律

区域城乡协调发展战略的推进落实，将蓄积建筑部门能源消费新一轮增长势能。当前，我国区域之间经济社会发展较不均衡。东部地区以广东为例，人均GDP约为9万元，城镇化建设已进入后期稳定阶段，城市建成区面积占市区面积的6.5%（全国平均水平为2.6%），建筑部门人均能源消费量236千克标煤；相较而言，西部地区以广西为例，人均GDP不足5万元，城镇化建设仍在中期发展阶段，城市建成区面积仅占市区面积的2.2%，建筑部门人均能源消费量197千克标煤，为广东的83.5%。经济欠发达地区在改善人民生活品质、提高能源消费、提升能源效率方面还有较大空间。根据《中华人民共和国国民经济和社会发展第十四个五年规划和2035年远景目标纲要》，我国将加快构建"双循环"新发展格局，完善落实新型城镇化和乡村振兴战略，深入推进西部大开发、东北全面振兴、中部地区崛起、东部率先发展，实现城乡协调联动、区域互动融通，这将极大地活跃国内市场和能源消费，促进建筑部门、特别是经济欠发达地区建筑部门能源消费总量增长。

节能科技的推广使用和绿色理念的深入人心，将起到约束建筑部门能源消费增长的作用。在民用建筑领域，我国家庭传统耐用消费品的渗透已趋近饱和，智能化电器等新兴家用终端迅速推广，短时间内会起到小幅拉动能源消费、特别是电力消费增长作用，但长期来看将促进民用建筑能源消费总量降低。建筑节能技术的发展普及，有利于在保障人民生活品质的基础上，实现建

筑部门能源消费总量和强度降低。根据《"十四五"建筑节能与绿色建筑发展规划》，到2025年，城镇新建居住建筑能效水平提升30%，城镇新建公共建筑能效水平提升20%，完成既有建筑节能改造面积3.5亿平方米以上，这将促使我国建筑部门能源消费峰值降低和提早到来。

③ 建筑部门能源消费预测

建筑部门能源消费的增长期较长，峰值将于2045年前后到来。预计"十四五"期间，建筑部门能源消费规模将缓慢增至约5.58亿吨标煤，人均能源消费量逼近400千克标煤。2025年到2030年，建筑部门能源消费总量再增长10.7%、至约6.18亿吨标煤。预计2045年前后，建筑部门能源消费总量达峰，峰值接近6.59亿吨标煤，届时人均能源消费量达到约500千克标煤。由于建筑部门能源消费与民生福祉息息相关，因此总量达峰后不会迅速下跌，而是在峰值平台期维持10年左右。预计到2060年，建筑部门能源消费总量降至约5.53亿吨标煤，大约比峰值低16%，届时建筑部门在终端能源消费中的占比将升至20%以上。

从部门构成来看，民用建筑能源消费峰值更高。随着我国城镇化建设进入后期稳定阶段，民用建筑能源消费将于2030年增至约3.78亿吨标煤、较现状提高18.1%，2035～2045年维持在3.90亿吨标煤左右的峰值平台期，到2060年降至3.29亿吨标煤。商业及公共服务建筑能源消费的增长势能在近中期更为强劲，预计2030年在现状基础上增长35.0%至2.39亿吨标煤，2035年增至2.65亿吨标煤左右的峰值水平，保持一段时间的平台期后进入下降通道，2050年后将较快下跌，预计2060年能源消费量为2.23亿吨标煤，比现状高1/4以上（图6.28）。

从能源品种来看，电力成为建筑部门主导能源。为实现"双碳"目标，建筑部门散煤治理将是重点，预计2030年，煤炭消费量降至4000万吨左右，煤炭消费仅占建筑部门能源消费总量的4.3%。相应地，电力作为终端清洁能源品种，将获得更大发展，预计2030年建筑部门电力消费量达到约3万亿千瓦时，占比约为61.2%；到2060年，电力将贡献建筑部门能源消费总量的接近七成。此外，天然气在建筑部门能源消费的重要性也将提升，预计2030年增至约1350亿立方米，占比升至29.0%；到2040年前后，建筑部门天然气消费达峰，峰值规模约为1500亿立方米（图6.29）。

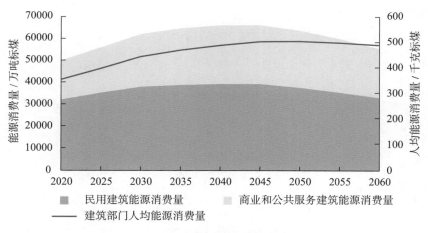

图 6.28　建筑部门能源消费规模预测

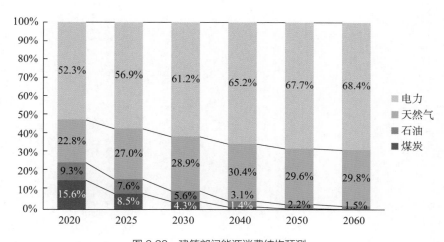

图 6.29　建筑部门能源消费结构预测

第 七 章

7

结语

推进能源转型、实现"双碳"目标是一项系统性工程，也是一项关乎发展方式转变、产业优化调整的重大战略部署。作为经济社会发展的物质基础和动力之源，能源体系建设要始终坚持安全稳定的基本底线、满足经济高效的内在要求、追求绿色低碳的发展方向。能源行业及企业要积极践行"四个革命、一个合作"能源安全新战略，坚决扛好保障国家能源安全和服务经济高质量发展的重要职责使命，贯彻落实能源发展中长期规划和碳达峰、碳中和"1+N"政策体系的系统部署，在推进能源转型、落实"双碳"目标的过程中，当好主力军、排头兵。

附文、附图及附表

附文1 能源预测模型说明

　　本研究采用顶层约束预测和终端消费预测相结合的综合预测方法体系。顶层约束预测以经济、人口、产业结构、城镇化率等方面的宏观指标为变量，分析能源消费总量及结构特征变化规律，进而根据经济社会发展宏观趋势的研判和政策规划目标等因素，预测能源消费演变；终端消费预测方面，针对农林牧渔业、工业部门、交通部门、建筑部门四个终端用能行业，分别剖析行业特征指标与用能特征变化间的内在规律，并在分析各行业未来发展趋势及用能特征演变基础上，预测行业用能总量及结构。在两条预测主线的基础上，进行结果匹配校核和模型调整完善，最终得到兼顾经济社会总体与终端用能行业、趋势定性研判与模型定量分析、数据系统完备性与数据体系自洽性的综合预测结果。在顶层约束预测和终端消费预测中，采用了STIR-PAT模型、DEA模型、分段弹性系数模型等系列模型组合，用于不同模块的研究分析。总体研究思路和模型体系见下图。

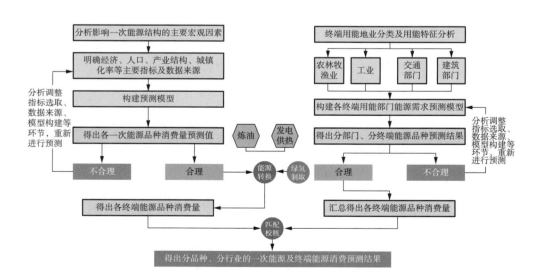

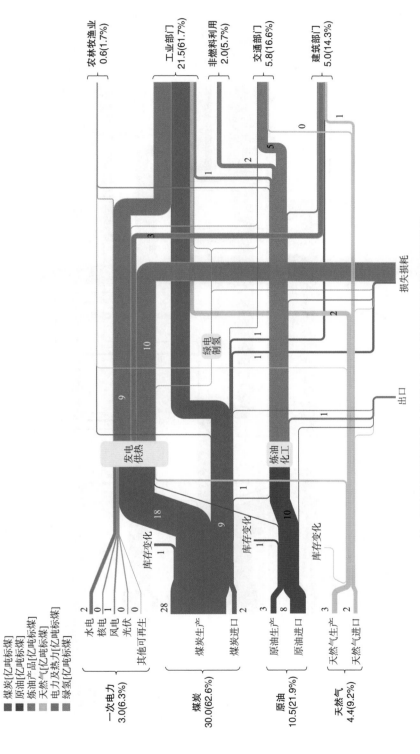

附图1 2020年中国能源流图

注：图中数据折算原则为电热当量法。作图数据采用协调发展情景数据。

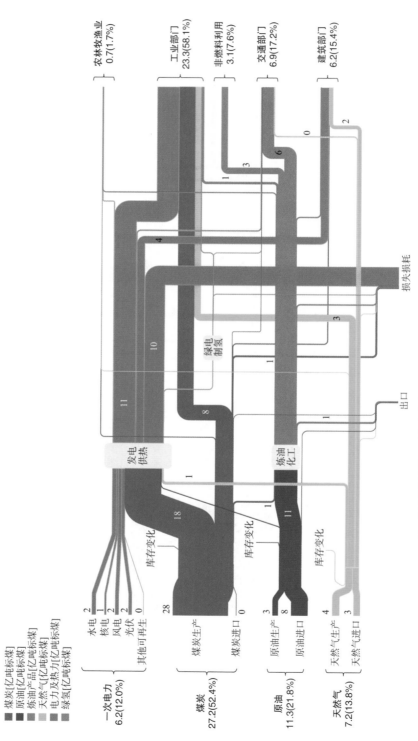

附图2 2030年中国能源流图

煤炭[亿吨标煤]
原油[亿吨标煤]
炼油产品[亿吨标煤]
天然气[亿吨标煤]
电力及热力[亿吨标煤]
绿氢[亿吨标煤]

一次电力
6.2(12.0%)

水电 2
核电 1
风电 2
光伏 0
其他可再生 0

煤炭
27.2(52.4%)

煤炭生产 28
煤炭进口 0

原油
11.3(21.8%)

原油生产 3
原油进口 8

天然气
7.2(13.8%)

天然气生产 4
天然气进口 3

库存变化

发电
供热

炼油
化工

绿电
制氢

农林牧渔业
0.7(1.7%)

工业部门
23.3(58.1%)

非燃料利用
3.1(7.6%)

交通部门
6.9(17.2%)

建筑部门
6.2(15.4%)

出口

损失损耗

注：图中数据折算原则为电力热当量法。作图数据采用协调发展情景数据。

106

附图3 2060年中国能流流图

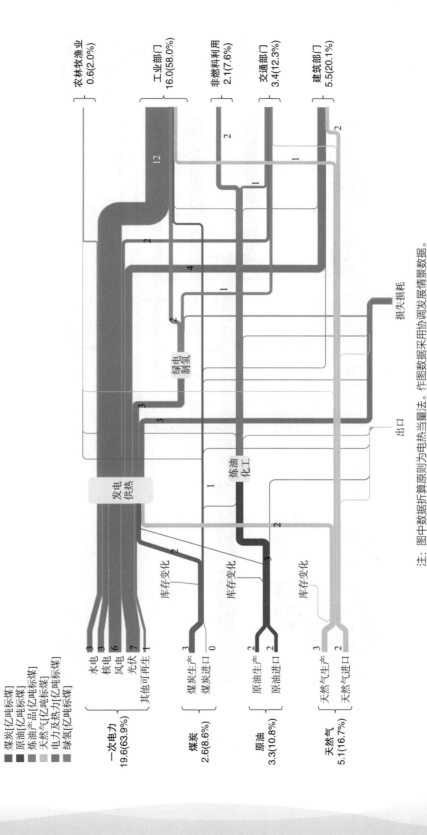

- 煤炭[亿吨标煤]
- 原油[亿吨标煤]
- 炼油产品[亿吨标煤]
- 天然气[亿吨标煤]
- 电力及热力[亿吨标煤]
- 绿氢[亿吨标煤]

注：图中数据折算原则为电热当量法。作图数据采用协调发展情景展望数据。

附图4 2020年中国能源活动碳流图

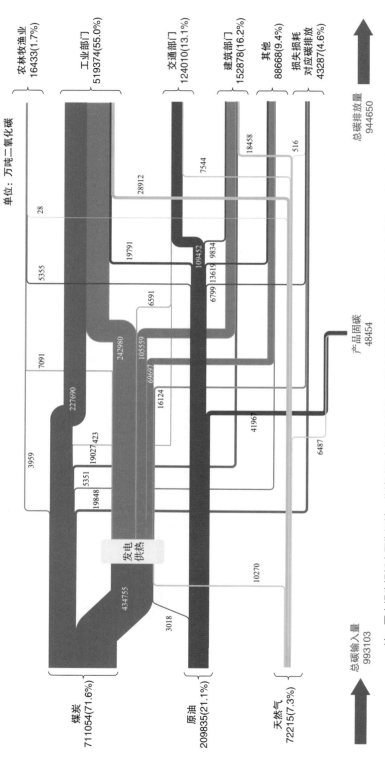

单位：万吨二氧化碳

农林牧渔业 16433(1.7%)

工业部门 519374(55.0%)

交通部门 124010(13.1%)

建筑部门 152878(16.2%)

其他 88668(9.4%)

损失损耗对应碳排放 43287(4.6%)

总碳排放量 944650

产品固碳 48454

总碳输入量 993103

煤炭 711054(71.6%)

原油 209835(21.1%)

天然气 72215(7.3%)

发电供热

注：图中损失损耗主要指运输、传输过程中的损失损耗，可能少量损耗并未转化成温室气体排放，但总量相对较小，因此忽略；此外损失损耗不包括加工转换损耗。其他主要指煤制油、电解水制氢、石油发电供热等过程的碳排放。

108

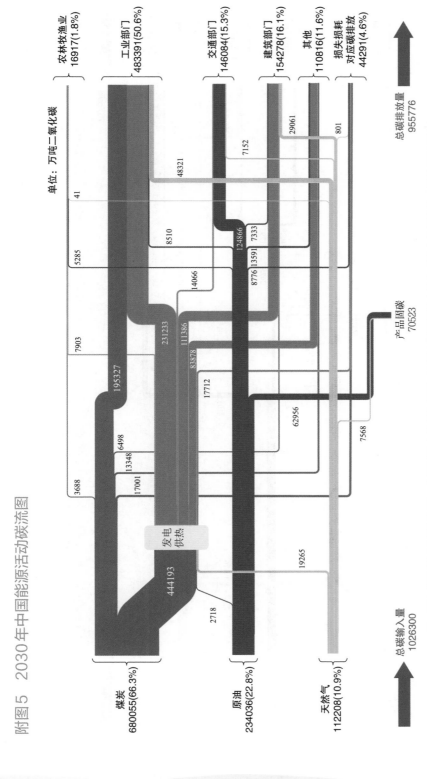

附图5 2030年中国能源活动碳流图

附文、附图及附表

109

附图6 2060年中国能源活动碳流图

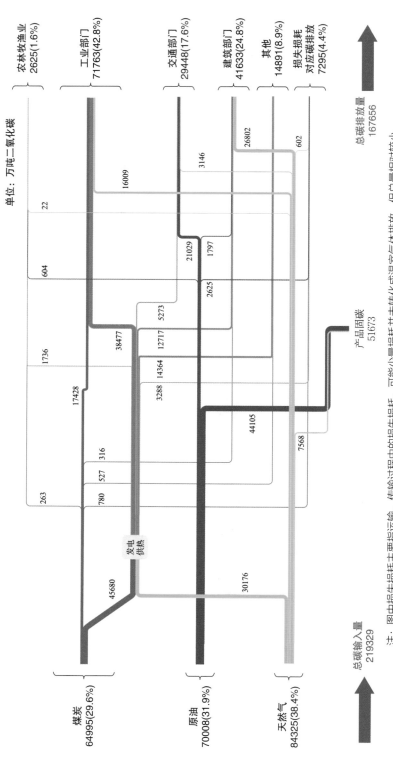

单位：万吨二氧化碳

农林牧渔业 2625(1.6%)
工业部门 71763(42.8%)
交通部门 29448(17.6%)
建筑部门 41633(24.8%)
其他 14891(8.9%)
损失损耗 对应碳排放 7295(4.4%)

总碳排放量 167656

煤炭 64995(29.6%)
原油 70008(31.9%)
天然气 84325(38.4%)

总碳输入量 219329

产品固碳 51673

注：图中损失损耗主要指运输、传输过程中的损失损耗，可能少量损耗并未转化成温室气体排放，但总量相对较小，因此忽略；此外损失损耗不包括加工转换损耗。其他主要指煤制油、电解水制氢、石油发电供热等过程的碳排放。

附表 1-1 我国一次能源消费预测数据表——协调发展情景（CDS）

能源类型	单位	2010	2015	2020	2025	2030	2035	2040	2045	2050	2055	2060
煤炭	万吨	349008	399835	404860	408032	387210	327093	253310	180171	120448	74244	37007
石油	万吨	42875	54788	69477	78995	77490	72530	64641	54625	42351	31103	23180
天然气	亿立方米	1080	1932	3340	4304	5190	5772	6155	6109	5697	5002	3900
煤炭	万吨标煤	249296	285602	289191	291457	276584	233643	180939	128696	86036	53033	26434
石油	万吨标煤	61699	76162	92813	106566	104274	97187	87060	74180	58360	44005	33115
天然气	万吨标煤	14367	25693	44421	57246	69021	76772	81861	81255	75772	66532	51870
水电	万吨标煤	22890	35092	41401	47100	50150	52200	53768	55185	56481	57680	58800
核电	万吨标煤	2491	5405	11187	15900	21240	27550	35178	43865	52547	60760	68600
风电	万吨标煤	1647	5853	14252	28200	42185	58000	77220	97635	115210	128800	139650
光伏	万吨标煤	4	1245	7977	21900	38055	56840	78936	101880	123640	141400	154350
其他可再生能源	万吨标煤	5	5	9	36	236	870	1716	3396	7025	14000	24500
一次能源消费合计	万吨标煤	352399	435057	501251	568405	601745	603061	596679	586092	575071	566210	557319

附表 1-2　我国一次能源消费预测数据表——安全挑战情景（SCS）

能源类型	单位	2010	2015	2020	2025	2030	2035	2040	2045	2050	2055	2060
煤炭	万吨	349008	399835	404860	408100	392000	340000	270000	200000	145000	100000	65000
石油	万吨	42875	54788	69477	79020	78300	74300	67000	58000	47500	38000	30000
天然气	亿立方米	1080	1932	3340	4320	5400	6200	6600	6550	6200	5700	5000
煤炭	万吨标煤	249296	285602	289191	291506	280006	242862	192861	142860	103574	71430	46430
石油	万吨标煤	61699	76162	92813	106602	105431	99716	90430	79002	65716	53858	42858
天然气	万吨标煤	14367	25693	44421	57456	71820	82460	87780	87115	82460	75810	66500
水电	万吨标煤	22890	35092	41401	47100	50150	52200	53482	54336	54795	55160	55440
核电	万吨标煤	2491	5405	11187	15900	20650	26970	34320	42450	50580	58240	64680
风电	万吨标煤	1647	5853	14252	28500	41300	56550	72930	90560	105375	117600	124740
光伏	万吨标煤	4	1245	7977	21900	36285	52200	71500	93390	113805	130200	138600
其他可再生能源	万吨标煤	5	5	9	36	207	725	1430	2830	5058	8400	13860
一次能源消费合计	万吨标煤	352399	435057	501251	569000	605848	613683	604733	592543	581362	570698	553108

附表1-3 我国一次能源消费预测数据表——绿色紧迫情景（GUS）

能源类型	单位	2010	2015	2020	2025	2030	2035	2040	2045	2050	2055	2060
煤炭	万吨	349008	399835	404860	407232	380000	313000	240000	167000	105000	58000	24000
石油	万吨	42875	54788	69477	77888	76000	70000	62000	52000	40000	29000	20000
天然气	亿立方米	1080	1932	3340	4290	5165	5750	6000	5800	5200	4300	3100
煤炭	万吨标煤	249296	285602	289191	290886	271434	223576	171432	119288	75002	41429	17143
石油	万吨标煤	61699	76162	92813	104985	102288	93859	83430	70716	55287	41144	28572
天然气	万吨标煤	14367	25693	44421	57057	68695	76475	79800	77140	69160	57190	41230
水电	万吨标煤	22890	35092	41401	47250	50740	53650	56056	58298	60134	61600	62160
核电	万吨标煤	2491	5405	11187	16050	21535	29000	38610	49525	61820	71400	77700
风电	万吨标煤	1647	5853	14252	28800	42775	59450	78650	101880	123640	140000	152810
光伏	万吨标煤	4	1245	7977	22500	38350	58870	80080	104710	129260	151200	168350
其他可再生能源	万吨标煤	5	5	9	36	266	928	1859	3679	7868	15400	25900
一次能源消费合计	万吨标煤	352399	435057	501251	567564	596082	595808	589917	585236	582170	579363	573865

附表2　我国能源活动相关碳排放预测数据表

单位：万吨二氧化碳

终端用能部门	2000	2005	2010	2015	2020	2025	2030	2035	2040	2045	2050	2055	2060
农林牧渔业	8094	13223	14284	15711	16433	17233	16917	15338	12746	9598	6513	4155	2625
工业部门	182951	328368	478081	519124	519374	508101	483391	407895	323840	242159	178661	129140	71763
交通部门	31524	51753	76564	103445	124010	153667	146084	133550	117702	96300	69501	45474	29448
建筑部门	43085	70774	97265	127419	152878	155009	154278	138549	114972	90497	68348	52385	41633
损耗及其他对应碳排放	31811	48415	75423	108972	131954	152360	155107	146432	124135	93148	62973	37879	22186
碳排放合计	297465	512533	741618	874669	944650	986369	955776	841764	693396	531701	385996	269033	167656
电力部门排放	98349	182714	273935	322627	380160	395835	389694	349461	285069	212389	148896	102655	72344

附表 3　我国终端能源消费预测数据表

	单位	2000	2005	2010	2015	2020	2025	2030	2035	2040	2045	2050	2055	2060
煤炭	万吨	67894	121389	166265	175675	142971	131012	117015	88765	66302	49711	38325	26222	10253
油品	万吨	19931	28867	40331	50298	61717	70633	69184	64560	57917	49476	39063	29636	22311
天然气	亿立方米	228	433	891	1583	2841	3617	4262	4607	4700	4546	4106	3467	2477
电力	亿千瓦时	12619	23296	39710	54412	72639	87938	100574	109911	117675	123914	129046	134351	140796
绿氢	亿立方米	0	0	0	0	66	153	385	832	1568	2614	4000	5413	6563
煤炭	万吨标煤	48497	86708	118763	125485	102124	93582	83584	63405	47359	35508	27375	18730	7324
油品	万吨标煤	28474	41240	57617	71855	88169	100906	98837	92230	82740	70682	55805	42339	31873
天然气	万吨标煤	3033	5754	11853	21048	37786	48102	56678	61268	62511	60459	54616	46107	32938
电力	万吨标煤	15509	28631	48803	66872	89273	108076	123606	135080	144623	152290	158598	165118	173039
绿氢	万吨标煤	0	0	0	0	286	667	1677	3623	6833	11389	17427	23585	28591
合计	万吨标煤	95513	162333	237036	285260	317638	351333	364381	355606	344065	330328	313821	295878	273764

附表4-1 我国农林牧渔业能源消费预测数据表

	单位	2000	2005	2010	2015	2020	2025	2030	2035	2040	2045	2050	2055	2060
煤炭	万吨	1051	1802	2147	2625	2254	2280	2100	1800	1500	1000	600	300	150
油品	万吨	789	1452	1383	1733	1773	1860	1750	1500	1100	800	500	300	200
天然气	亿立方米	0.00	0.00	0.50	0.95	1.30	1.60	1.90	2.00	2.00	1.90	1.70	1.40	1.00
电力	亿千瓦时	533	776	976	1040	1422	1780	2180	2600	3100	3600	4020	4300	4200
煤炭	万吨标煤	751	1287	1534	1875	1610	1629	1500	1286	1071	714	429	214	107
油品	万吨标煤	1126	2074	1975	2476	2533	2657	2500	2143	1571	1143	714	429	286
天然气	万吨标煤	0	0	7	13	17	21	25	27	27	25	23	19	13
电力	万吨标煤	655	954	1200	1278	1748	2188	2679	3195	3810	4424	4941	5285	5162
合计	万吨标煤	2532	4315	4715	5642	5908	6495	6705	6651	6479	6307	6106	5946	5568

附表 4-2 我国工业部门能源消费预测数据表

	单位	2000	2005	2010	2015	2020	2025	2030	2035	2040	2045	2050	2055	2060
煤炭	万吨	54548	103383	147716	154908	129642	122032	111215	84895	63552	47886	37295	25652	9923
油品	万吨	8686	10453	14477	15214	20448	20688	23663	24512	23844	22200	20070	17521	14553
天然气	亿立方米	177	279	484	835	1637	2142	2585	2900	2923	2825	2468	1943	1090
电力	亿千瓦时	9285	17111	29115	38758	48726	58002	63787	67925	72061	74708	77915	84069	93077
绿氢	亿立方米	0	0	0	0	64	143	328	666	1095	1603	2361	3196	3908
煤炭	万吨标煤	38964	73846	105513	110651	92603	87167	79441	60640	45395	34205	26640	18323	7088
油品	万吨标煤	12409	14933	20682	21735	29213	29556	33804	35018	34063	31714	28672	25030	20791
天然气	万吨标煤	2349	3716	6438	11109	21775	28494	34378	38565	38878	37570	32822	25841	14503
电力	万吨标煤	11412	21030	35782	47634	59885	71284	78395	83480	88563	91816	95758	103320	114392
绿氢	万吨标煤	0	0	0	0	279	625	1428	2902	4769	6983	10286	13924	17028
合计	万吨标煤	65133	113525	168415	191128	203754	217126	227446	220606	211667	202288	194176	186438	173801

附表4-3 我国交通运输部门能源消费预测数据表

	单位	2000	2005	2010	2015	2020	2025	2030	2035	2040	2045	2050	2055	2060
煤炭	万吨	882	811	639	492	241	50	0	0	0	0	0	0	0
油品	万吨	9242	15403	22673	30467	36240	45124	41344	36585	31537	25265	17495	11031	6963
天然气	亿立方米	1	31	97	227	349	340	331	294	273	251	224	191	146
电力	亿千瓦时	281	430	750	1008	1322	2338	3880	5713	7608	9736	12136	12839	12756
绿氢	亿立方米	0	0	0	0	1	9	51	148	423	903	1463	1980	2370
煤炭	万吨标煤	630	579	456	351	172	36	0	0	0	0	0	0	0
油品	万吨标煤	13204	22004	32390	43525	51772	64464	59063	52266	45054	36093	24994	15759	9947
天然气	万吨标煤	13	409	1295	3014	4641	4517	4399	3904	3627	3342	2985	2536	1935
电力	万吨标煤	346	529	922	1239	1625	2874	4769	7022	9350	11965	14915	15779	15677
绿氢	万吨标煤	0	0	0	0	7	42	249	721	2064	4405	7141	9661	11563
合计	万吨标煤	14192	23522	35064	48128	58216	71933	68480	63912	60095	55806	50034	43735	39122

附表4-4 我国建筑部门能源消费预测数据表

	单位	2000	2005	2010	2015	2020	2025	2030	2035	2040	2045	2050	2055	2060
煤炭	万吨	11413	15393	15763	17650	10834	6650	3700	2070	1250	825	430	270	180
油品	万吨	1215	1560	1799	2884	3256	2960	2428	1962	1436	1212	998	785	595
天然气	亿立方米	50	123	309	520	854	1133	1344	1411	1502	1468	1413	1332	1240
电力	亿千瓦时	2520	4978	8868	13605	21168	25818	30727	33673	34906	35870	34976	33143	30763
煤炭	万吨标煤	8152	10995	11260	12607	7739	4750	2643	1479	893	589	307	193	129
油品	万吨标煤	1735	2229	2569	4120	4652	4229	3469	2803	2051	1731	1426	1121	850
天然气	万吨标煤	670	1629	4114	6913	11354	15070	17876	18772	19979	19522	18787	17712	16487
电力	万吨标煤	3097	6118	10899	16721	26016	31731	37763	41384	42900	44084	42985	40733	37808
合计	万吨标煤	13655	20972	28842	40361	49760	55779	61750	64437	65823	65927	63504	59759	55273

附表 5　我国电力供应预测数据表

单位：亿千瓦时

电力类型	2010	2015	2020	2025	2030	2035	2040	2045	2050	2055	2060
煤电	33389	40638	49243	51538	49070	40600	28200	15800	6700	2200	0
煤电+CCS	0	0	0	200	2000	5000	8000	10000	10000	8000	6125
气电	777	1669	2500	3500	4500	5000	5000	4000	2500	1000	0
气电+CCS	0	0	0	50	450	1500	3500	5500	7500	9000	9625
水电	6867	11127	13552	15700	17000	18000	18800	19500	20100	20600	21000
核电	747	1714	3662	5300	7200	9500	12300	15500	18700	21700	24500
风电	494	1856	4665	9400	14300	20000	27000	34500	41000	46000	49875
光伏	1	395	2611	7300	12900	19600	27600	36000	44000	50500	55125
其他可再生发电	1	1	3	12	80	300	600	1200	2500	5000	8750
发电量合计	42278	57399	76236	93000	107500	119500	131000	142000	153000	164000	175000

附表6 我国电力装机预测数据表

单位：万千瓦

电力类型	2010	2015	2020	2025	2030	2035	2040	2045	2050	2055	2060
煤电	68323	93950	114717	122710	125821	112778	88125	56429	27917	11000	0
煤电+CCS	0	0	0	476	5128	13889	25000	35714	41667	40000	40833
气电	2644	6603	9800	12963	16071	17241	17241	14286	9434	4082	0
气电+CCS	0	0	0	185	1607	5172	12069	19643	28302	36735	41848
水电	21606	31954	37016	42109	45019	47071	49163	50994	52563	53870	54916
核电	1082	2717	4989	7127	9618	12607	16323	20436	24656	28611	32303
风电	2958	13075	28153	50254	68339	89586	111340	132846	147908	160223	167929
光伏	26	4218	25343	62844	105263	160761	222294	282575	336700	377853	397727
其他可再生发电	3	9	40	88	471	1389	2224	3659	6460	11688	18421
电力装机合计	96641	152527	220058	298756	377337	460495	543780	616580	675605	724061	753978

参考文献

[1] 白泉.国外单位GDP能耗演变历史及启示[J].中国能源，2006 (12):10-14.

[2] 符冠云,郁聪,熊华文.典型国家工业化进程中能源强度的变化及启示 [J].中国能源,2012,34(03):17-21.

[3] 何铮,李瑞忠.世界能源消费和发展趋势分析预测[J].当代石油石 化,2016,24(07):1-8.

[4] 何铮,李瑞忠.未来20年中国经济社会发展背景下的能源趋势前瞻[J].当 代石油石化,2016,24(08):1-8.

[5] 黄群慧,贺俊,倪红福.新征程两个阶段的中国新型工业化目标及战略研 究[J].南京社会科学,2021(01):1-14.

[6] 黄泰岩,张仲.实现2035年发展目标的潜在增长率[J].经济理论与经济管 理,2021,41(02):4-12.

[7] 雷之光.中美日能源消费趋势及启示[J].中国电业,2020(06):44-47.

[8] 刘伟,陈彦斌.2020-2035年中国经济增长与基本实现社会主义现代化 [J].中国人民大学学报,2020,34(04):54-68.

[9] 中国社会科学院宏观经济研究中心课题组,李雪松,陆旸,汪红驹,冯 明,娄峰,张彬斌,李双双.未来15年中国经济增长潜力与"十四五"时期经济 社会发展主要目标及指标研究[J].中国工业经济,2020(04):5-22.

[10] BP. Statistical Review of World Energy 71st edition[DB/OL]. [2022-10-08].https://www.bp.com/en/global/corporate/energy-economics/statistical-review-of-world-energy.html.

[11] IEA. World Energy Balances Highlights[DB/OL]. (2022-10-18) [2022-10-31].https://www.iea.org/data-and-statistics/data-product/world-energy-balances-highlights.

[12] The World Bank. World Development Indicators[DB/OL]. [2022-10-08].https://databank.worldbank.org/source/world-development-indicators

[13] 国家统计局. 中国统计年鉴2021[M]. 北京：中国统计出版社，2021.

[14] 国家统计局能源统计司. 中国能源统计年鉴2021[M]. 北京：中国统计出版社，2022.

[15] 中金公司研究部，中金研究院. 创新：不灭的火炬[M]. 北京：中信出版社，2022：309-334.

[16] 中华人民共和国住房和城乡建设部. 中国城乡建设统计年鉴2020 [M]. 北京：中国统计出版社，2021.

[17] 国务院. 中华人民共和国国民经济和社会发展第十四个五年规划和2035年远景目标纲要 [EB/OL]. 北京：新华社，(2021-03-13) [2022-06-19]. http://www.gov.cn/xinwen/2021-03/13/content_5592681.htm.

[18] 王明利. 改革开放四十年我国畜牧业发展：成就，经验及未来趋势 [J]. 农业经济问题，2018.

[19] 张宇，张玉. 浅述我国现代农业发展趋势[J]. 农业开发与装备，2021，000(010):84-85.

[20] 马有祥，李成林. 中国畜牧业未来的发展趋势 [J]. 今日养猪业，2019(1):3.

[21] 工业和信息化部. 党的十八大以来工业和信息化发展成就 [EB/OL]. 北京：国务院新闻办公室，(2022-06-14) [2022-06-19]. http://www.scio.gov.cn/xwfbh/jjxwfyr/wz/Document/1727257/1727257.htm.

[22] 工业和信息化部，国家发展改革委，生态环境部. 工业领域碳达峰实施方案 [EB/OL]. 北京：工业和信息化部，(2022-08-01)[2022-09-01]. https://www.miit.gov.cn/zwgk/zcwj/wjfb/tz/art/2022/art_df5995ad834740f5b29fd31c98534eea.html.

[23] Davidson E. Defining the trend: Cement consumption versus Gross Domestic Product [J/OL]. Global Cement Magazine, (2014-05-29) [2022-10-01].https://www.globalcement.com/magazine/articles/858-

defining-the-trend-cement-consumption-vs-gdp.

[24] 中国工程院. 工业部门碳达峰、碳中和实施路径研究 [R]. 北京：中国工程院，2021.

[25] 刘红光，何铮，刘潇潇，等. 我国石化产业碳达峰，碳中和实现路径研究 [J]. 当代石油石化，2022，30(2):4.

[26] 李晋，谢璨阳，蔡闻佳，王灿. 碳中和背景下中国钢铁行业低碳发展路径 [J]. 中国环境管理，2022，14(01):48-53.

[27] 史伟，崔源声，武夷山. 2011年到2050年中国水泥需求量预测 [C]//.2011中国水泥技术年会暨第十三届全国水泥技术交流大会论文集. 2011:23-32.

[28] 国家发展和改革委员会.天然气利用政策[Z].2012-10-14.

[29] 2021年中央经济工作会议公报[R].2021-12.

[30] IEA.Getting Wind and Sun onto the Grid[R].2017-03.

[31] 国务院. 关于印发2030年前碳达峰行动方案的通知：国发〔2021〕23号[Z]. 2021.

[32] 国家发展改革委，国家能源局. 关于促进新时代新能源高质量发展实施方案的通知：国办函〔2022〕39号[Z]. 2022.

[33] 国家发展改革委，国家能源局. 关于印发《"十四五"现代能源体系规划》的通知：发改能源〔2022〕210号[Z]. 2022.

[34] 国家发展改革委，国家能源局，财政部，等. 关于印发"十四五"可再生能源发展规划的通知：发改能源〔2021〕1445号[Z]. 2022.

[35] 国家能源局.《新时代的中国能源发展》白皮书[R]. 2020.

[36] 王众颖，李振国，杨照乾，等. 中国2050年光伏发展展望（2019）[R]. 2019.

[37] 彭博新能源财经. New Energy Outlook 2021[R]. 2021.

[38] 工业和信息化部，住房和城乡建设部，交通运输部，等. 关于印发《智能光伏产业创新发展行动计划（2021-2025年）》的通知：工信部联电子〔2021〕226号[Z]. 2021.

[39] 张廷克，李闽榕，尹卫平，等. 中国核能发展报告2021[R]. 2021.

[40] 彭程，彭才德，高洁，等．新时代水电发展展望[J]．水力发电，2021，47(08)：1-3+98．

[41] 国家能源局．抽水蓄能中长期发展规划（2021-2035年）[R]．2021．

[42] 水电水利规划设计总院，中国水力发电工程学会抽水蓄能行业分会．抽水蓄能产业发展报告2021[R]．2021．

[43] 李俊峰．我国生物质能发展现状与展望[J]．中国电力企业管理，2021(01)：70-73．

[44] 罗佐县，刘芮，宫昊，等．中国地热产业发展空间分析[J]．国际石油经济，2021，29(04)：40-47．

[45] 彭伟，王芳，王冀．我国海洋可再生能源开发利用现状及发展建议[J]．海洋经济，2022，12(03)：70-75．